实变函数论

王晶昕　王　炜　任咏红　著

科学出版社
北　京

内 容 简 介

本书内容包括集合与点集、Lebesgue 测度、Lebesgue 积分、Lebesgue 积分意义下的微分与不定积分以及 L^p 空间.

本书可以作为高等院校数学及其他相关专业的教材和教学参考书.

图书在版编目(CIP)数据

实变函数论/王晶昕, 王炜, 任咏红著. —北京: 科学出版社, 2016.3

ISBN 978-7-03-047438-4

Ⅰ. ① 实… Ⅱ. ①王… ②王… ③任… Ⅲ. ①实变函数论—高等学校—教材 Ⅳ. ①O174.1

中国版本图书馆 CIP 数据核字 (2016) 第 043385 号

责任编辑: 胡庆家 / 责任校对: 张凤琴
责任印制: 赵 博 / 封面设计: 迷底书装

科学出版社 出版
北京东黄城根北街 16 号
邮政编码: 100717
http://www.sciencep.com
北京中石油彩色印刷有限责任公司印刷
科学出版社发行 各地新华书店经销
*
2016 年 3 月第 一 版 开本: 720 × 1000 1/16
2023 年 7 月第八次印刷 印张: 9 1/2
字数: 185 000

定价: 38.00 元

(如有印装质量问题, 我社负责调换)

前 言

实变函数是高等学校数学与应用数学专业、信息与计算科学专业以及其他一些相关专业的重要基础课, 是数学分析的后继课程. 它与复变函数有很大的不同. 复变函数是在数学分析的基础上研究复变量复值函数的微积分学, 所使用的方法类似于数学分析相应的手法, 而且所关注的函数都是"表现好"的函数, 比如考虑的函数大多是"全纯"或"半纯"函数. 而实变函数是基于数学分析中出现的"表现怪异"的函数: 有无穷多间断点的函数, 处处连续处处不可微的函数, 只有有限个函数值但不是 Riemann 可积的函数, 等等. 要深入探究数学分析的本质, 必须研究这些"怪函数", 才能去伪存真, 而要达到这个目的, 就必须寻找新的方法. 于是, 点集分析的方法就应运而生. 运用这种方法对函数的连续、积分、微分等问题进行研究, 得到了许多重要的成果, 形成了一整套理论, 这就是实变函数论.

实变函数论的重要性还在于它构成了许多现代数学理论的基础, 比如泛函分析、调合分析、概率论等. 在现代数学理论及应用中, 说到积分, 一般都指的是 Lebesgue 积分, 而许多定理, 如 Fatou 引理、Lebesgue 控制收敛定理、Riesz-Fisher 定理等也都在许多数学学科及应用中被频繁使用. 因此, 很好地掌握这门课程的理论和方法对于进一步学习现代科学理论方法是非常重要的.

在我国高校数学专业课程设置中, 实变函数论主要是研究 Lebesgue 可测集与可测函数、Lebesgue 可积函数与不定积分的. 与我国的实分析课程不同, 在其他国家, 这些只是实分析课程的一部分, 而好多学校的数学分析课程已经包括了 Lebesgue 测度与 Lebesgue 积分的内容 (参见 Rudin 的《数学分析原理》). 这是我国数学专业课程设置上的不同. 因此, 本书也主要讨论 Lebesgue 测度、Lebesgue 积分以及 Lebesgue 积分意义下的微分问题.

如前面所说, 实变函数理论使用的是"点集分析"方法, 因此, 课程前面必须要有足够的关于集合与点集方面的准备知识. 这样, 这门课程的结构就明晰了: 集合与点集、Lebesgue 可测集、Lebesgue 可测函数、Lebesgue 积分、Lebesgue 微分问题.

本书是在笔者多年教授实变函数论课程的讲义的基础上不断修改而成的. 期间, 课程建设得到了辽宁师范大学教务处以及数学学院领导的大力支持. 在本书的写作及试用过程中, 得到了我们的老师游若云教授的悉心指导. 谢琳教授、韩友发教授都提出过许多有益的意见和建议. 这些意见和建议对于我们修改讲义、提高课程教学水平都起到了重要作用. 特别地, 我的合作者王炜教授和任咏红副教授在多次使用中经过细心的思考和研究, 发现了许多需要修改、完善的内容并加以修正, 在此一并感谢.

实变函数是一门相对难的课程, 因此, 我们尽量在书中把主题展开的目的、概念引入的原因、定理结论的意义说清楚, 并配以适当的例子和习题, 以便学习者进行练习和反思.

由于测度与积分还是概率论的基础, 为便于学习者了解, 本书还包括了一些基本的抽象测度与积分的内容, 但这部分内容, 除了符号不同、叙述抽象外, 基本方法和理论都与 Lebesgue 测度及 Lebesgue 积分相同, 留给学习者自行探讨. 为了学习方便, 我们在书中特别注意写了是从哪个角度出发把 Lebesgue 测度、Lebesgue 积分推广到抽象情形的. 希望这些对学习者有所帮助.

王晶昕

2015 年 11 月

大连 辽宁师范大学

目　　录

绪　论

实变函数论是数学专业继数学分析课程之后的一门重要的专业基础课程. 它由 Lebesgue 测度与 Lebesgue 积分理论组成.

在这个绪论里, 我们试图通过直观、简要的分析, 为读者导引出一个思路及整体框架, 以便对这门课程有个初步的印象, 以此为线索展开以后的学习研究. 希望读者在学习到某一阶段时再回来看看这段陈述, 做个简短的回味与思考.

1. 关于积分的几个问题

实变函数论是微积分课程的继续, 它是由积分问题引出来的.

大家知道, 与 Riemann 积分有关的很多重要问题没有在微积分这门课程中得到很好的解决, 比如下面的问题 0.0.1.

问题 0.0.1　Riemann 可积函数的范围问题.

例 0.0.1　设 $\mathbb{Q}$ 是全体有理数组成的集合. 记

$$f(x)=\begin{cases} 2, & x\in[0,1]\bigcap\mathbb{Q}; \\ -1, & x\in[0,1]\setminus\mathbb{Q}. \end{cases}$$

易知, 它不是 Riemann 可积函数, 虽然它的构造是如此简单 (函数值只取 $2,-1$ 这两个实数).

那么, 什么样的函数 Riemann 可积? 一般的微积分教程 (或数学分析教程) 给出这样的回答:

(1) 定义在有限闭区间 $[a,b]$ 上的连续函数 Riemann 可积;

(2) 有限闭区间 $[a,b]$ 上只有有限个间断点的有界函数 Riemann 可积;

(3) 有限闭区间 $[a,b]$ 上的单调函数 Riemann 可积.

然而, 这些都是函数 Riemann 可积的充分条件. 比如下面例 0.0.2 中的 Riemann 函数不属于上述三种函数中任何一种, 但它也是 Riemann 可积的.

例 0.0.2　定义在 $[0,1]$ 上的 Riemann 函数为

$$R(x)=\begin{cases} \dfrac{1}{p}, & x=\dfrac{q}{p},\ 0<q<p,\ p,\ q\ \text{是互素的自然数}; \\ 0, & x\in[0,1]\setminus\mathbb{Q}. \end{cases}$$

它有无穷多个间断点, 非单调, 但却是 Riemann 可积的.

我们知道, 函数 f 在 $[a,b]$ 上 Riemann 可积的充要条件是:

任给 $\varepsilon>0$, 存在分划 T: $a=x_0<x_1<\cdots<x_k=b$, 使得

$$S(T,f)-s(T,f)=\sum_{i=1}^{k}\omega_i(x_i-x_{i-1})<\varepsilon.$$

这里, $\omega_i=M_i-m_i$ 为 f 在 $[x_{i-1},x_i]$ 上的振幅 (M_i 与 m_i 分别为 f 在 $[x_{i-1},x_i]$ 上的上确界与下确界, $i=1,\cdots,k$).

可是, 这个判别方法本身是构造性的, 换句话说, 要判断函数 f 是否 Riemann 可积, 得动手构造函数 f 的积分和, 直到发现它的 "大和" 与 "小和" 不相互靠拢, 才知道这个函数 f 不是 Riemann 可积的.

实际上, 微积分理论本身未能给出根据一个函数的内在性质判断这个函数是否 Riemann 可积的方法.

问题 0.0.2　积分与极限换序条件要求过高.

用一个函数列 $\{f_k\}$ 逼近函数 f, 然后通过对这个函数列的性质的把握达到把握函数 f 的相应性质的目的, 这是分析学的重要理论及方法之一. 那么, 对 $[a,b]$ 上的函数列 $\{f_k\}$ 及函数 f, 如果在 $[a,b]$ 上有 $f(x)=\lim\limits_{k\to\infty}f_k(x)$, 且诸函数 f_k 都在 $[a,b]$ 上 Riemann 可积, f 是否也在 $[a,b]$ 上 Riemann 可积? 若可积, 是否有

$$\lim_{k\to\infty}\int_a^b f_k(x)\mathrm{d}x=\int_a^b f(x)\mathrm{d}x?$$

回答是否定的, 见下面两个例子.

例 0.0.3　将 $[0,1]$ 中的有理数全体排列为 $r_1,r_2,\cdots,r_k,\cdots$. 对 $k\in\mathbb{N}_+$, 令

$$f_k(x)=\begin{cases}2, & x\in\{r_1,\cdots,r_k\};\\ -1, & x\in[0,1]\setminus\{r_1,\cdots,r_k\}.\end{cases}$$

则函数列 $\{f_k\}$ 在 $[0,1]$ 上收敛于例 0.0.1 中的函数 f. 每个函数 f_k 都在 $[0,1]$ 上 Riemann 可积, 但 f 在 $[0,1]$ 上非 Riemann 可积.

例 0.0.4　令

$$f(x)=0,\quad x\in[0,1],\quad f_k(x)=\begin{cases}k, & x\in\left(0,\ \dfrac{1}{k}\right];\\ 0, & x\in[0,1]\setminus\left(0,\ \dfrac{1}{k}\right];\end{cases}\qquad k=1,2,\cdots.$$

则 f_k 在 $[0,1]$ 上 Riemann 可积, 且 $\{f_k\}$ 在 $[0,1]$ 上处处收敛于 f, f 也在 $[0,1]$ 上 Riemann 可积, 但

$$\lim_{k\to\infty}\int_0^1 f_k(x)\mathrm{d}x=1,\quad 而\int_0^1 f(x)\mathrm{d}x=0.$$

对于积分与极限换序问题, 微积分中有这样的结果 (见菲赫金哥尔茨的《微积分学教程》第 12 章第 408 目定理 5):

若 $\{f_k\}$ 是 $[a,b]$ 上的 Riemann 可积函数列, 且在 $[a,b]$ 上一致收敛于 f, 则 f 在 $[a,b]$ 上 Riemann 可积, 且有

$$\lim_{k\to\infty}\int_a^b f_k(x)\mathrm{d}x=\int_a^b f(x)\mathrm{d}x.$$

但一致收敛的条件太强. 有时不一致收敛的函数列也是可以的. 如下面的例0.0.5.

例 0.0.5 令

$$f_k(x)=x^k,\quad x\in[0,1],\quad k=1,2,\cdots,\quad f(x)=\begin{cases}0, & x\in[0,1);\\ 1, & x=1.\end{cases}$$

则函数列 $\{f_k\}$ 在 $[0,1]$ 上处处收敛于函数 f, 但不一致收敛, 却也有

$$\lim_{k\to\infty}\int_0^1 f_k(x)\mathrm{d}x=\int_0^1 f(x)\mathrm{d}x.$$

问题 0.0.3 Newton-Leibniz 公式

$$\int_a^x f'(t)\mathrm{d}t=f(x)-f(a)$$

在什么条件下成立? 这也是微积分学中一个基本问题. 微积分中指出, 在 Riemann 积分情形下, 若 f' 连续, 则上述公式成立. 条件减弱到 f 在 $[a,b]$ 上处处存在着有限导数, f' 可积吗? 不一定, 见例 0.0.6.

例 0.0.6 令

$$f(x)=\begin{cases}x^{\frac{3}{2}}\sin\dfrac{1}{x}, & x\in(0,\ 1];\\ 0, & x=0.\end{cases}$$

则 f 在 $[0,\ 1]$ 上处处有有限的导数, 但 f' 非 Riemann 可积.

另外, 由 Cantor 集出发构造的 Cantor 函数 $\Theta(x), x\in[0,1]$ (也称为 Lebesgue 奇异函数, 见第 5 章), 它几乎处处可导, 且导函数 Riemann 可积 (因为导函数几乎处处连续), 但

$$\int_0^1 \Theta'(t)\mathrm{d}t\neq\Theta(1)-\Theta(0).$$

能不能就函数本身的内在性质给出上述公式成立的充要条件? 微积分理论没能给出满意的回答.

问题 0.0.4　$R_1[a,b]$ 不完备.

用 $R_1[a,b]$ 记 $[a,b]$ 上全体 Riemann 可积函数组成的集合. 它依通常的加法及数乘运算组成线性空间. 对于 $f,g\in R_1[a,b]$, 令

$$d(f,g)=\int_a^b |f(x)-g(x)|\mathrm{d}x.$$

则它定义了 $R_1[a,b]$ 上的一个距离, 但由此构成的距离空间 $(R_1[a,b],d)$ 不完备, 即这个距离空间中有不收敛的 Cauchy 列, 见下面的例 0.0.7.

例 0.0.7　将 $(0,1)$ 中的有理数全体排列为 $r_1,r_2,\cdots,r_k,\cdots$.

对任意的自然数 k, 取包含在 $(0,1)$ 内的、以 r_k 为中心、长度小于 $\dfrac{1}{3^k}$ 的开区间 I_k, 令

$$f_k(x)=\begin{cases}1, & x\in\bigcup\limits_{i=1}^{k}I_i;\\[2ex] 0, & x\in[0,1]\setminus\bigcup\limits_{i=1}^{k}I_i.\end{cases}$$

可以验证, 函数列 $\{f_k\}$ 是 $(R_1[0,1],d)$ 中的 Cauchy 列, 它在 $(R_1[0,1],d)$ 中不收敛. 这说明 $(R_1[0,1],d)$ 不完备.

注意到, “有理数系的完备化空间是实数系, 而实数系的完备性是微积分学理论的基石”, 就会意识到这个问题的重要性.

解决上述问题的关键是改进积分. 为此, 我们再回头考察 Riemann 积分, 以便找到解决问题的思路和方法.

2. 想法

先回顾一下 Riemann 积分的构造过程.

R1　设 $M>0$. 对于函数 $f(x)=M, x\in[a,b]$, f 的下方图形是矩形 $G_f=[a,b]\times[0,M]$. f 的积分可定义为

$$\int_a^b f(x)\mathrm{d}x=M(b-a)\quad(\text{矩形面积}).$$

R2　称在有限区间取常值的函数为阶梯函数.

考察阶梯函数

$$f(x)=\sum_{i=1}^{k}c_i\chi E_i(x),$$

其中, $a=x_0<x_1<\cdots<x_k=b$, $E_1=[x_0,x_1]$, $E_i=(x_{i-1},x_i]$, $i=2,3,\cdots,k$.

$c_1, \cdots, c_k$ 是 k 个非负实数. 其下方图形为

$$G_f = \bigcup_{i=1}^{k} (E_i \times [0, c_i]),$$

是 k 个互不相交的小矩形 $E_1 \times [0, c_1], \cdots, E_k \times [0, c_k]$ 的并集. f 在 $[a, b]$ 上的 Riemann 积分为

$$\int_a^b f(x)\mathrm{d}x = \sum_{i=1}^{k} c_i(x_i - x_{i-1}),$$

它是上述 k 个小矩形面积的和.

R3 对于 $[a, b]$ 上的连续函数 f, 做分割 $T: a = x_0 < x_1 < \cdots < x_k = b$, 取 $\xi_i \in (x_{i-1}, x_i]$, $i = 1, \cdots, k$. 记

$$f_T(x) = \sum_{i=1}^{k} f(\xi_i)\chi_{(x_{i-1}, x_i]}(x), \quad x \in [a, b].$$

依 R2 知, f_T 在 $[a, b]$ 上的积分是

$$\int_a^b f_T(x)\mathrm{d}x = \sum_{i=1}^{k} f(\xi_i)(x_i - x_{i-1}) ,$$

它就是 f 在 $[a, b]$ 上关于分割 T 的 Riemann 积分和. 由此可知, f 在 $[a, b]$ 上的 Riemann 积分就是形如 f_T 的阶梯函数的积分的极限.

回头看例 0.0.1 中的函数 f. 它的值域是有限集 $\{2, -1\}$, 这个函数 "差不多" 就是阶梯函数了, 可是它仍然不是 Riemann 可积函数.

我们将值域为有限集的函数称为*简单函数*. 显然, 简单函数不一定是阶梯函数, 但值域为有限集的阶梯函数一定是简单函数.

记 $E_1 = [0, 1] \bigcap \mathbb{Q}$, $E_2 = [0, 1] \setminus \mathbb{Q}$. 则例 0.0.1 中的函数 f 的 "下方图形" 是 $A_1 \bigcup A_2$, 其中, $A_1 = E_1 \times [0, 2]$, $A_2 = E_2 \times [-1, 0]$. A_1, A_2 给我们的直观印象 "几乎" 就是矩形了.

我们不妨将形如 "$E \times [\alpha, \beta]$" 的点集称为*次矩形*, 其中 $E \subset \mathbb{R}$.

L1 设 $E \subset \mathbb{R}$, 则对于定义在 E 上的正的常值函数 $f(x) = \beta$, f 的下方图形 $G_f = E \times [0, \beta]$ 是一个 "次矩形".

从前面的 R1 可联想到, 如果我们能够量出 E 的 "长度", 就可以定义 f 的积分为 "$\beta \times (E$ 的长度)".

L2 类似于 R2, 定义那些 "简单函数" 的积分. 比如, 例 0.0.1 中的函数 f 的积分定义为

$$[2 \times \text{“}E_1\text{的长度”}] + [(-1) \times \text{“}E_2\text{的长度”}].$$

L3　用“简单函数”的积分的极限定义其他函数的积分.

如果 f 是定义在 E 上的函数, T 是 E 的一个分割: $E=E_1\bigcup E_2\bigcup\cdots\bigcup E_k$, 诸 E_i 互不相交, f 在每个 E_i 上的振幅很小, 则取 $\xi_i\in E_i$, 构造函数

$$f_T(x)=\sum_{i=1}^{k}f(\xi_i)\chi_{E_i}(x),\quad x\in E. \tag{0.0.1}$$

由 L2, f_T 在 E 上的积分应为 $\sum\limits_{i=1}^{k}[f(\xi_i)\times$“$E_i$的长度”]. 然后, 用这种积分的极限定义 f 在 E 上的积分.

上述想法能否实现首先取决于如何测量一般的点集 E 的“长度”.

我们知道, 原来用来测量区间长度的“工具”不能再用来测量一般的点集的“长度”了. 比如前面提到的 $E_1=[0,1]\bigcap\mathbb{Q}$ 就是这样的点集. 因此, 现在的首要任务是解决“测量工具”问题.

我们希望找到这样一个“测量工具”, 它能测量任意一个点集的“长度”, 并且要满足以下三个条件:

(1) 用它测量 $[0,1]$ 的“长度”时测量值仍为 1;

(2) 对于可列个互不相交的点集 $E_1,E_2,\cdots$,

$$\left(\bigcup_{k=1}^{\infty}E_k\right)\text{的“长度”}=\sum_{k=1}^{\infty}(E_k\text{的“长度”});$$

(3) 保证在等距变换之下测量值不变, 即对任意实数 x_0, E 的“长度”$=E+x_0$ 的“长度”.

事实上这办不到.

那么我们退而求其次: 设法寻找一个“测量工具”, 不要求它能测量任意一个点集的“长度”, 只要求它满足刚提到的三个条件, 且能够测量包括区间在内的更多一些的点集的“长度”即可.

这种“工具”是存在的, 本课程中提到的 Lebesgue 测度 就是一个. 它不能用来“测量”全部点集, 但它可“测量”的点集包括了区间在内的更大范围的一类点集. 将可以被它测量的点集称为 Lebesgue 可测集.

把这一步做个简短总结就是:

找一个测量工具, 确定它能测量哪些点集. 这就是测度与可测集问题.

下一个问题是, 能够保证在前面 L3 中那个分割 T 使 f 在每个 E_i 上的振幅足够小的同时还保证诸 E_i 一定可测吗? 这就与函数 f 本身有关了.

比如, 对于 $E=[a,b]$ 上的有界函数 f, 设其满足条件 $0\leqslant A<f(x)<B$. 分割定义域 E 为一些小集合的并集:

在 $[A,B]$ 内取一组点 $\{y_i\}_{i=1}^k$, 使得 $A=y_0<y_1<\cdots<y_k=B$. 记

$$E_i=\{x\mid x\in E,\ y_{i-1}<f(x)\leqslant y_i\},$$

则 E 就被分割成为一些互不相交的子集 $E_1,\cdots,E_k$ 的并集了. 记这个分割为 T.

在 E_i 上, f 的振幅不超过 $y_i-y_{i-1}, i=1,\cdots,k$.

只要这些 E_i 的"长度"能够被测量，则即可用前面提到的方法 (见 (0.0.1) 式) 定义 f_T 的积分了.

注意到 E_i 是形如 $E_{ts}=\{x\mid x\in E,\ t<f(x)\leqslant s\}$ $(t<s)$ 的点集, 而

$$\begin{aligned}E_{ts}&=\{x\mid x\in E,\ t<f(x)\leqslant s\}\\&=\{x\mid x\in E,\ f(x)>t\}\setminus\{x\mid x\in E,\ f(x)>s\},\end{aligned}$$

故 f 只要具有条件"对任意的实数 t, $\{x\mid x\in E,\ f(x)>t\}$ 为可测集"即可.

我们将满足这个条件的函数 f 称为*可测函数*. 对这类函数, 才可以实现上述定义新积分的想法.

综上所述，我们要做下面的事情:

(1) 找到一个新的、更有效的测量工具 (即测度);

(2) 确定哪些点集是可测集;

(3) 考察一下什么样的函数是可测函数;

(4) 定义新的积分.

实现上述方案所创造的理论方法构成了 Lebesgue 测度与 Lebesgue 积分理论.

3. 技术方法

按以下三个步骤进行.

步骤 1　构造测度

对于实数 a,b (设 $a\leqslant b$), 我们用 $\langle a,b\rangle$ 记以 a,b 为端点的区间, 它可以包含端点, 也可能不包含端点.

一个自然的想法是: 定义有限区间 $\langle a,b\rangle$ 的长为 $b-a$, 定义矩体 $I=\prod_{i=1}^n\langle a_i,b_i\rangle$ 的体积为 $|I|=\prod_{i=1}^n(b_i-a_i)$.

我们用 mE 来记 E 的测度.

如果 E 是几个不相交的有限区间 (或矩体) 的并, 则可将 mE 定义为这几个区间的长度 (或矩体的体积) 的和.

点集理论告诉我们, 一个 $\mathbb{R}$ (或 $\mathbb{R}^n$) 中的开集 G 可以分解为至多可列个互不相交的左开右闭区间 (或矩体) 的并, 因此, 自然想到将开集 G 的测度定义为这些构成 G 的区间的长 (或矩体的体积) 的和 $\sum|I_k|$.

而有界闭集 F 可以分解为一个有界开集 G_1 与它的一个开子集 G_2 的差: $F = G_1 \setminus G_2$, 自然地, 有界闭集 F 的测度可定义为 $mF = mG_1 - mG_2$.

对于一般的点集 E , 我们把所有包含 E 的开集的测度的下确界定义为 E 的外测度, 记为 m^*E, 即

$$m^*E \triangleq \inf\left\{mG \mid E \subset G,\ \ G\text{为开集}\right\}.$$

实际上, 可以用更简洁的方式定义:

$$m^*E \triangleq \inf\left\{\sum_{i=1}^{\infty}|I_i| \;\middle|\; E \subset \bigcup_{i=1}^{\infty} I_i, I_i\text{是有界开矩体}, i = 1, 2, \cdots\right\}.$$

显然, 任何点集都有外测度. 那么, m^* 可以当作测度吗?

为慎重起见, 还需再从另一个方面加以考察.

对于点集 E, 将所有含于 E 中的闭集的测度的上确界

$$m_*E \triangleq \sup\left\{mF \mid F \subset E, F\text{为闭集}\right\}.$$

称为点集 E 的内测度.

显然, 任何点集都有内测度. 内测度 m_* 与外测度 m^* 都源于区间长度 (或长方体的体积).

如果点集 E 的内测度与外测度相等, 就可以用外测度当作测度了.

但是, 却存在这样的集合 E, 它使 $m_*E < m^*E$, 因而外测度不是所有点集的测度. 等价地, 这个外测度 m^* 可能使得对某个互不相交的集列 $\{E_k\}$, 等式 $m^*\left(\bigcup\limits_{k=1}^{\infty} E_k\right) = \sum\limits_{k=1}^{\infty} m^*E_k$ 不成立, 即不满足可列可加性 (或称为完全可加性).

外测度 m^* 可以当哪些点集的测度呢?

对于有界点集 E, 我们必须考察是否有 $m_*E = m^*E$, 也就是说，要用这个条件挑选适合于用 m^* 测量的点集, 此时，这个相等的值可以当作这种点集 E 的测度.

这种方法自然直观, 但是同时用到内外测度, 太繁琐, 不方便.

Carathéodory(卡拉西奥多利) 发现:

$m^*E = m_*E$ 的充要条件是对于任意点集 T, 都有

$$m^*T = m^*\left(T \bigcap E\right) + m^*\left(T \bigcap E^C\right). \tag{0.0.2}$$

于是, 可以将 (0.0.2) 式作为一个判断标准. 这样, 仅用外测度 m^* 就可以判明点集 E 是否可测. 可测时, 其外测度就是它的测度, 并记之为 mE.

步骤 2　定义可测函数

根据前面的分析, 我们必须考虑函数 f 是否满足:

$$\text{对任意的 } t \in \mathbb{R}, \{x \mid f(x) > t\} \text{ 是可测集}$$

这一条件. 我们称满足这个条件的函数为可测函数.

这样，我们就可以针对可测函数定义新的积分了.

步骤 3　建立新积分

首先, 定义 E 上非负可测简单函数的积分:

设 $f(x) = \sum\limits_{i=1}^{k} c_i \chi_{E_i}(x)$, 其中 $E_1, E_2, \cdots, E_k$ 是互不相交的可测集, 它们的并集是 E. 定义

$$\int_E f(x)\mathrm{d}m = \sum_{i=1}^{k} c_i mE_i.$$

直观上看, f 在 E 上的积分就是有限个 "次矩形的面积" 的和.

其次, 定义非负可测函数 f 在 E 上的积分:

$$\int_E f(x)\mathrm{d}m = \sup_{h(x)\leqslant f(x)} \left\{ \int_E h(x)\mathrm{d}m \middle| h \text{ 是 } E \text{ 上非负可测简单函数} \right\}.$$

最后, 定义 E 上可测函数 f 在 E 上的积分:

将可测函数 f 分解为正部 f^+ 与负部 f^- 的差: $f = f^+ - f^-$, 其中

$$f^+(x) = \sup\{f(x), 0\}, \quad f^-(x) = \sup\{-f(x), 0\}, \quad x \in E.$$

如果 $\int_E f^+\mathrm{d}m$ 与 $\int_E f^-\mathrm{d}m$ 中至少有一个为有限数, 则定义 f 在 E 上的 Lebesgue 积分为

$$\int_E f(x)\mathrm{d}m = \int_E f^+\mathrm{d}m - \int_E f^-\mathrm{d}m.$$

$\int_E f^+\mathrm{d}m$ 和 $\int_E f^-\mathrm{d}m$ 都为有限值时, 则称 f 为 E 上的 Lebesgue 可积函数.

以上是建立 Lebesgue 测度与 Lebesgue 积分的大体思路.

Lebesgue 曾经为 Lebesgue 积分与 Riemann 积分的区别打过一个形象的比喻.

问题 0.0.5　设公司中的职员全体组成的集合为 E. 对于 $x \in E$, $f(x)$ 是 x 的当月工资数额. 公司当月支付全体职员的工资总额是多少?

按固有的花名册依次将职员的工资数加起来, 这就是 Riemann 积分思想; 将工资相同的职员分为同一组, 每组职员工资总值为工资数乘以员工数, 然后再将这样算出来的数相加, 这就是 Lebesgue 积分思想.

4. Lebesgue 积分的重要意义

(1) 扩大了可积函数的范围.

(2) 给出了通过函数的内在特性来判断 $[a,b]$ 上定义的函数 f 是否 Riemann 可积的充要条件:

$[a,b]$ 上的函数 f 在 $[a,b]$ 上 Riemann 可积当且仅当 f 在 $[a,b]$ 上几乎处处连续.

(3) 给出了积分与极限交换次序的更宽松的条件:

若可测函数列 $\{f_k\}$ 在 E 上依测度收敛于 f, F 在 E 上 Lebesgue 可积, 且 $|f_k(x)| \leqslant F(x)$ 在 E 上几乎处处成立, 则诸 f_k 以及 f 都在 E 上 Lebesgue 可积, 且

$$\lim_{k\to\infty}\int_E f_k(x)\mathrm{d}m = \int_E f(x)\mathrm{d}m.$$

(4) 在新的积分意义下，给出了 Newton-Leibniz 公式成立的充要条件:

f 在 $[a,b]$ 上成立着等式

$$\int_a^x f'(t)\mathrm{d}m = f(x) - f(a)$$

当且仅当 f 在 $[a,b]$ 上绝对连续.

(5) 给出了 $R_1[a,b]$ 的完备化空间:

$R_1[a,b]$ 的完备化空间就是 $[a,b]$ 上的 Lebesgue 可积函数组成的空间 $L_1[a,b]$.

(6) 虽然 Lebesgue 积分不像 Riemann 积分那样可以给出具体的运算方法与技术, 但是 Lebesgue 积分的性质灵活, 即使在涉及 Riemann 积分运算的情形时, 适时将其转化为 Lebesgue 积分, 就可以运用 Lebesgue 积分的性质加以灵活变通, 使其转化为比较容易运算的形式.

(7) Lebesgue 测度与 Lebesgue 积分理论意义之重大, 影响之深远, 还在于人们籍此所做的进一步思考:

测度是什么? 测度就是定义在由满足条件 “$m_*E = m^*E$” 的那些点集 E 组成的集族上的函数.

细致分析发现, Lebesgue 可测集有以下特性:

1) $\varnothing$ 可测;

2) E 可测时, E^C (E 的余集) 也可测;

3) 若 E_k 可测, $k=1,2,\cdots$, 则 $\bigcup\limits_{k=1}^{\infty} E_k$ 可测.

这三个基本属性启发引导人们进一步思考如下问题:

若一个集族满足与上述三个条件类似的条件, 能在这个集族上定义 “测度” 吗? 以这个问题为源头，人们建立起来了抽象测度的理论:

对任意非空集合 X, 若 X 的一些子集组成的集族 $\mathcal{R}$ 满足下列条件:

1) $\varnothing \in \mathcal{R}$;

2) 若 $E \in \mathcal{R}$, 则 $E^C \in \mathcal{R}$;

3) 若 $E_k \in \mathcal{R}, k = 1, 2, \cdots$, 则 $\bigcup\limits_{k=1}^{\infty} E_k \in \mathcal{R}$.

就称 $\mathcal{R}$ 构成了一个σ-代数, 称 $(X, \mathcal{R})$ 为可测空间, $\mathcal{R}$ 中的集称为可测集.

在可测空间 $(X, \mathcal{R})$ 上定义一个函数 μ, 如果它满足

1) $\mu(\varnothing) = 0$;

2) 非负性: 对任意 $E \in \mathcal{R}$, 有 $\mu(E) \geqslant 0$;

3) 完全可加性: 若互不相交的集列 $\{E_k\} \subset \mathcal{R}$, 则 $\mu\left(\bigcup\limits_{k=1}^{\infty} E_k\right) = \sum\limits_{k=1}^{\infty} \mu E_k$.

就称 μ 为 $\mathcal{R}$ 上的一个测度, 称 $(X, \mathcal{R}, \mu)$ 为一个测度空间.

在这样的抽象测度空间上，又可以定义可测函数以及积分, 建立起了新的函数空间结构, 把对函数空间的研究向前大大推进.

特别地, 如果 $\mu(X) = 1$, 就称 $(X, \mathcal{R}, \mu)$ 为一个概率空间 (μ 为概率). 以此为基础，以科尔莫戈罗夫为首的数学家们建立起了现代的概率论的理论体系.

Lebesgue 测度及积分理论对数学学科的诸多重要影响, 学习者可以在学习过程中逐渐加深体会.

5. 课程结构

通过以上的分析可知, 本课程的结构如下：

1) 准备必要的集合论知识和足够的点集理论知识;

2) 给出测度概念以及确定可测集的方法, 讨论其性质;

3) 引入可测函数概念, 讨论可测函数的性质;

4) 定义 Lebesgue 积分, 讨论 Lebesgue 积分的基本性质;

5) 讨论不定积分问题;

6) 讨论 $R_1[a, b]$ 的完备化.

Lebesgue 积分理论是 Riemann 积分思想的延续, 是在深入理解、透彻分析 Riemann 积分思想的本质的基础上的极具创造性的工作, 是人类智慧的结晶.

实变函数论是一个完美的数学体系, 它的每个步骤的实现都包含着具体的、细致的、有时是很艰难的工作. 正是这种艰难的探索与实践, 让我们体会到数学研究成果之得来不易, 感悟那些为创造和完善这个体系作出卓越贡献的学者、数学家的智慧、机敏和顽强. 同时, 投身于它的学习与研究过程之中, 经受磨练, 才能培养自己的毅力和不屈的探索精神, 进入数学领域的新境界.

第 1 章　集合与点集

不论哪一门数学学科, 都是对某些对象形成的集合及这些集合之间的关系的研究. 或者说, 数学是建立在集合论这个基础上的. 集合论的语言是数学语言的一个重要组成部分.

1871 年, 德国数学家 G.Cantor (1845~1918) 考察函数 f 的 Fourier 级数的收敛点问题时, 引发了对无穷集合和超穷数的数学问题的研究. 这个问题的研究引起了数学中无穷观的一场革命, 产生了集合论这一重要学科. 集合论奠定了数学的坚实基础, 刺激了人们对数学学科构成方式的深入探讨.

在数学领域中, 我们常常对于某一类事物 (对象) 感兴趣. 为了考察某种事物的整体特征和结构, 研究舍去事物个性后的抽象共性, 分类处理问题, 就要引入集合的概念.

例如, 在初等代数学中, 我们要用到全体实数; 在几何学中, 我们要针对三角形展开讨论, 而三角形要分直角三角形、等腰三角形等. 三角形全体组成一个集合, 直角三角形全体, 等腰三角形全体, 它们都组成集合.

集合作为数学中的一个基本概念, 它具有语言简明、概括性强、可以清楚地区分研究对象的各种内涵的特点.

1.1　集合及其运算

1. 集合的概念

朴素集合论把集合当作一个原始的、不定义的概念. 它被描述如下:

集合是一些确定的、可以分辨的、直观或思维着的对象之总体. 其中的对象称为这个集合的元素.

例如, 自然数集 $\mathbb{N}$, 整数集 $\mathbb{Z}$, 有理数集 $\mathbb{Q}$, 实数集 $\mathbb{R}$, 都是集合.

还有, 函数的定义域和值域, 区间 $[a,\ b]$ 上的连续函数之全体所组成的集合 $C[a,b]$ 等都是常用的集合.

再有, 平面上的或空间中的曲线、曲面可以分别看成是由平面或空间中的某些点所构成的集合.

一般用大写字母如 A,B,C 等表示集合, 用小写字母如 a,b,c 等表示集合的元素.

若 x 是集合 A 的元素, 则用记号 "$x \in A$" 表示 (读作" x 属于 A").

若 x 不是集合 A 的元素, 则用记号 "$x \notin A$" 表示 (读作 " x 不属于 A").

任何一个元素 x 与任何一个集合 A 之间, 或者有 $x \in A$, 或者有 $x \notin A$, 二者不能同时成立.

属于 "$\in$" 是与集合有关的一个重要动词. 借助于它, 可以依次定义诸如"包含""相等""子集""空集""幂集"等概念, 还被用来定义集合的"并""交""差""补"以及 "对称差" 等运算. 这些运算可以帮助我们借助已知的集合构造新的集合.

常用的表示集合的方法有列举法和描述法.

所谓列举法, 即列出给定集合的全部元素. 例如

$$A = \{a, b, c\}, \quad B = \{1, 3, 5, \cdots, 2n-1, \cdots\}.$$

描述法是这样的: 将某个集合 X 中由具有某种性质 P 的元素的全体所构成的集合表示为

$$A = \{x \mid P(x)\ \},$$

其中 $P(x)$ 表示 x 具有的性质 P.

例如, 设 f 是定义在 $\mathbb{R}$ 上的实值函数, 则 f 的实零点所组成的集合 A 可以表示成

$$A = \{x \mid x \in \mathbb{R}, f(x) = 0\},$$

这里, $P(x)$(即 "x具有的性质 P") 就是 "$x \in \mathbb{R}, f(x) = 0$".

显然, 这种方法中, 那道竖线前面的符号代表的是这个集合的元素, 而竖线后面是这个集合元素所必须具有的性质.

另外, 这里要求集合中的元素是取自一个已知的集合的, 这是为了避免悖论发生.

还有, 我们规定一个集合不能成为自己的元素, 还要规定所有集合之全体不能构成集合.

如果不做这个规定, 那 $D = \{x \mid x \notin x\}$ 是不是一个集合呢?

假如它是一个集合, 则 $D \in D$ 或 $D \notin D$ 二者必有一个成立.

如果 $D \in D$ 成立, 则说明 D 是 D 中的元素, 应当具有 " $x \notin x$" 这个特性, 所以应有 $D \notin D$, 矛盾.

如果 $D \notin D$, 则说明 D 具有 " $x \notin x$" 这个特性, 所以应属于 D, 也矛盾.

因此, 要规定这个 D 不能算作集合.

有关这方面的讨论, 请参见有关集合论的著作.

还有一点需要说明的是, 有些学者习惯于按如下方式记集合:

$$A = \{x \in X \mid x\text{具有的性质 } P\}.$$

此时, 不要以为 “$x \in X$” 这个记号是集合的元素, 而这只不过是作者想强调 A 中的元素是取自集合 X 中而已.

2. 集合间的关系

集合的子集　若对任意的 $x \in A$, 都有 $x \in B$, 则称集合 A 为集合 B 的子集, 称 A 包含于 B 内 或 B 包含 A, 记 $A \subset B$ 或 $B \supset A$.

两个集合相等　若 $A \subset B$ 且 $B \subset A$, 则称集合 A 与集合 B 相等, 记 $A = B$. 用符号 $A \neq B$ 表示 A 不与 B 相等.

真子集　如果 $A \subset B$, 而且 $A \neq B$, 则称 A 为 B 的真子集 , 记为 $A \subsetneq B$.

空集　不含任何元素的集合称为空集, 用符号 $\varnothing$ 表示.

约定　空集 $\varnothing$ 是任何集合的子集.

这个约定是合理的, 因为对于任何一个集合 A, 如果一个元素不在 A 中, 它也不会在 $\varnothing$ 中, 所以 $\varnothing$ 是集合 A 的一个子集.

3. 集合的运算

设 Λ 是一个取定的、其元素是用来做标记的集合, 称之为指标集. 比如, 正整数集 $\mathbb{N}_+$, 实数集 $\mathbb{R}$ 都可能被取作指标集.

一些集合的总体称为一个集族或集类.

以 Λ 为指标集的集族　如果一个集族恰好被一个指标集 Λ 标记完毕 (即建立了这个集族与指标集 Λ 的一个一一对应 (见 1.2 节)), 则称这个集族为 以 Λ 为指标集的集族, 记为 $\{A_\lambda \mid \lambda \in \Lambda\}$.

并运算　$A \bigcup B \triangleq \{x \mid x \in A$ 或 $x \in B\}$ 称为集合 A 与集合 B 的并集.

集族 $\{A_\lambda|\lambda \in\Lambda\}$ 的并集　$\bigcup\limits_{\lambda \in \Lambda} A_\lambda \triangleq \{x \mid$ 存在 $\lambda \in \Lambda$, 使得 $x \in A_\lambda\}$. 它是由至少属于集族 $\{A_\lambda \mid \lambda \in \Lambda\}$ 中的某一个集合 A_λ 的那些元素所组成的集合.

交运算　$A \bigcap B \triangleq \{x \mid x \in A$ 且 $x \in B\}$ 称为集合 A 与集合 B 的交集.

若 $A \bigcap B = \varnothing$, 则称 A, B 两个集合不相交.

集族 $\{A_\lambda|\lambda\in\Lambda\}$ 的交集　$\bigcap\limits_{\lambda \in \Lambda} A_\lambda \triangleq \{x \mid$ 对任意 $\lambda \in \Lambda$, 都有 $x \in A_\lambda\}$, 它是同时含于集族 $\{A_\lambda \mid \lambda \in \Lambda\}$ 中每一个集合 A_λ 的元素所组成的集合.

定理 1.1.1　并与交运算满足以下运算律:

交换律: $A \bigcup B = B \bigcup A$, $A \bigcap B = B \bigcap A$;

结合律: $A \bigcup (B \bigcup C) = (A \bigcup B) \bigcup C$, $A \bigcap (B \bigcap C) = (A \bigcap B) \bigcap C$;

分配律: $A \bigcap \left(\bigcup\limits_{\lambda \in \Lambda} B_\lambda \right) = \bigcup\limits_{\lambda \in \Lambda} (A \bigcap B_\lambda)$, $A \bigcup \left(\bigcap\limits_{\lambda \in \Lambda} B_\lambda \right) = \bigcap\limits_{\lambda \in \Lambda} (A \bigcup B_\lambda)$.

证明是容易的, 留给读者做练习.

差运算 $A \setminus B \triangleq \{x \mid x \in A \text{ 且 } x \notin B\}$ 称为集合 A 与集合 B 的差集.

当我们所讨论的集合都是某一固定集合 X 的子集时, 就把 X 称为全空间.

余运算 若集合 A 是全空间 X 的子集, 则称 X 与集合 A 的差集 $X \setminus A$ 为 A 关于 X 的余集, 记为 $C_X A$. 在不致混淆时, 也简单地记为 CA 或 A^C.

差集与余集有如下关系, 它在讨论集合之间的关系时很好用.

定理 1.1.2 对于集合 A, B, 有 $A \setminus B = A \bigcap B^C$.

证明 如果 $x \in A \setminus B$, 则 $x \in A$ 但 $x \notin B$. 亦即 $x \in A$ 且 $x \in B^C$, 故有 $x \in A \bigcap B^C$, 从而知 $A \setminus B \subset A \bigcap B^C$.

又如果有 $x \in A \bigcap B^C$, 则有 $x \in A$ 且 $x \in B^C$. 即 $x \in A$ 但 $x \notin B$, 亦即 $x \in A \setminus B$. 这说明 $A \bigcap B^C \subset A \setminus B$.

综合上述两个包含式子可知 $A \setminus B = A \bigcap B^C$. □

对称差 $A \triangle B \triangleq (A \setminus B) \bigcup (B \setminus A)$ 称为集合 A 与集合 B 的对称差.

显然, $A \triangle B = B \triangle A$.

定理 1.1.3 (对偶原理 (De Morgan 公式)) 设 $\{E_\lambda \mid \lambda \in \Lambda\}$ 是由集合 X 的一些子集组成的集族, 则下面等式成立:

$$(1)\ \left(\bigcup_{\lambda \in \Lambda} E_\lambda\right)^C = \bigcap_{\lambda \in \Lambda} E_\lambda^C; \qquad (2)\ \left(\bigcap_{\lambda \in \Lambda} E_\lambda\right)^C = \bigcup_{\lambda \in \Lambda} E_\lambda^C.$$

证明 我们只证第一个式子, 第二个式子留给大家做练习.

由于

$$x \in \left(\bigcup_{\lambda \in \Lambda} E_\lambda\right)^C \rightleftarrows x \notin \bigcup_{\lambda \in \Lambda} E_\lambda \rightleftarrows \text{对任意的}\lambda \in \Lambda, \text{有} x \notin E_\lambda$$
$$\rightleftarrows \text{对任意的}\lambda \in \Lambda, \text{有} x \in E_\lambda^C \rightleftarrows x \in \bigcap_{\lambda \in \Lambda} E_\lambda^C,$$

故可推知定理第一个式子成立. □

4. 集列 $\{E_k\}$ 的上 (下) 极限集

最常用的集族是集列. 我们常常要借助已知的集列 $\{E_k\}$ 构造新的集合.

此时, 最简单的想法是用它们构造并集与交集:

$$\bigcup_{k=1}^{\infty} E_k, \quad \bigcap_{k=1}^{\infty} E_k.$$

仔细考察可以发现, 这个并集太 "广泛", 而交集太 "挑剔".

说上述并集太 "广泛", 是因为这个并集中的有些元素可能只出现在集列 $\{E_k\}$ 中的有限多个集合中, 将这种元素剔除, 就得到集列 $\{E_k\}$ 的上极限集 (简称上限集)的概念.

集列 $\{E_k\}$ 的上极限集 (简称上限集)　指的是如下集合

$$\{x \mid 对任意的\ i \in \mathbb{N}_+,\ 存在自然数\ k \geqslant i,\ 使得\ x \in E_k\},$$

记为 $\overline{\lim\limits_{k\to\infty}} E_k$ 或者 $\limsup\limits_{k\to\infty} E_k$.

它是含在集列 $\{E_k\}$ 的无穷多个集合中的元素组成的集合.

集列 $\{E_k\}$ 的上极限集中的元素 x 虽然被这个集列中的无穷多个集合所包含, 但是可能仍有这个集列中的无穷多个集合不含有它.

进一步提出更严格些的要求: 挑选出这样的 x, 这个集列中只允许有有限个集合不包含这个元素, 亦即它必须被这个集列中的有限多个集合之外的所有集合所包含, 这样的元素组成的集合被称为集列 $\{E_k\}$ 的下极限集 (简称下限集):

$$\{x \mid 存在\ i \in \mathbb{N}_+,\ 使当自然数 k \geqslant i\ 时,\ 有 x \in E_k\},$$

记为 $\underline{\lim\limits_{k\to\infty}} E_k$ 或者 $\liminf\limits_{k\to\infty} E_k$.

如果要求再高些, 那就是被集列 $\{E_k\}$ 中所有集合所包含的元素组成的集合, 显然, 这个集合就是这个集列的交集.

集列 $\{E_k\}$ 的极限集　如果 $\overline{\lim\limits_{k\to\infty}} E_k = \underline{\lim\limits_{k\to\infty}} E_k$, 则称这个集列收敛, 称这个相等的集合为这个集列的极限集, 记为 $\lim\limits_{k\to\infty} E_k$.

定理 1.1.4　对于集列 $\{E_k\}$, 有

(1) $\overline{\lim\limits_{k\to\infty}} E_k = \bigcap\limits_{i=1}^{\infty}\bigcup\limits_{k=i}^{\infty} E_k$;　　(2) $\underline{\lim\limits_{k\to\infty}} E_k = \bigcup\limits_{i=1}^{\infty}\bigcap\limits_{k=i}^{\infty} E_k$.

这个定理直观地反映出这两种集合的构造, 其证明留作练习.

上面提到的四个集合之间的关系总结如下:

$$\begin{array}{ccccccc}
\bigcup\limits_{k=1}^{\infty} E_k & \supset & \bigcap\limits_{i=1}^{\infty}\bigcup\limits_{k=i}^{\infty} E_k & \supset & \bigcup\limits_{i=1}^{\infty}\bigcap\limits_{k=i}^{\infty} E_k & \supset & \bigcap\limits_{k=1}^{\infty} E_k \\
 & & \| & & \| & & \\
 & & \overline{\lim\limits_{k\to\infty}} E_k & & \underline{\lim\limits_{k\to\infty}} E_k & &
\end{array} \tag{1.1.1}$$

若集列 $\{E_k\}$ 满足条件 $E_1 \subset E_2 \subset \cdots \subset E_k \subset \cdots$, 则称它是单调上升集列 (递升集列).

若集列 $\{E_k\}$ 满足条件 $E_1 \supset E_2 \supset \cdots \supset E_k \supset \cdots$, 则称它是单调下降集列 (递降集列).

这两种集列统称为单调集列.

定理 1.1.5 单调集列必收敛.

证明 (1) 设集列 $\{E_k\}$ 是单调上升集列, 则

$$\bigcup_{i=1}^{\infty} E_k = \bigcup_{k=i}^{\infty} E_k, \quad \bigcap_{k=i}^{\infty} E_k = E_i, \quad i = 1, 2, \cdots.$$

$$\overline{\lim_{k\to\infty}} E_k = \bigcap_{i=1}^{\infty}\bigcup_{k=i}^{\infty} E_k = \bigcap_{i=1}^{\infty}\bigcup_{k=1}^{\infty} E_k = \bigcup_{k=1}^{\infty} E_k,$$

$$\underline{\lim_{k\to\infty}} E_k = \bigcup_{i=1}^{\infty}\bigcap_{k=i}^{\infty} E_k = \bigcup_{i=1}^{\infty} E_i = \bigcup_{k=1}^{\infty} E_k.$$

故知递升集列收敛.

(2) 设集列 $\{E_k\}$ 是单调下降集列, 则

$$\overline{\lim_{k\to\infty}} E_k = \bigcap_{i=1}^{\infty}\bigcup_{k=i}^{\infty} E_k = \bigcap_{i=1}^{\infty} E_i = \bigcap_{k=1}^{\infty} E_k,$$

$$\underline{\lim_{k\to\infty}} E_k = \bigcup_{i=1}^{\infty}\bigcap_{k=i}^{\infty} E_k = \bigcup_{i=1}^{\infty}\bigcap_{k=1}^{\infty} E_k = \bigcap_{k=1}^{\infty} E_k .$$

故知递降集列收敛. □

对于集列 $\{E_k\}$, 如果记 $A_i = \bigcup\limits_{k=i}^{\infty} E_k$, $B_i = \bigcap\limits_{k=i}^{\infty} E_k$, 则 $\{A_i\}$ 与 $\{B_i\}$ 分别是递降集列和递升集列, 从而它们都收敛, $\{A_i\}$ 与 $\{B_i\}$ 的极限集分别是集列 $\{E_k\}$ 的上极限集与下极限集.

单调集列有如下分解性质:

定理 1.1.6 (1) 递升集列 $\{E_k\}$ 的并集可以分解为如下互不相交的集列的并集:

$$\bigcup_{k=1}^{\infty} E_k = \bigcup_{k=0}^{\infty}(E_{k+1} \setminus E_k), \quad E_0 = \varnothing. \tag{1.1.2}$$

(2) 对于递降集列 $\{E_k\}$, E_1 可以分解为如下互不相交的集列的并集:

$$E_1 = D\bigcup\left(\bigcup_{k=1}^{\infty}(E_k \setminus E_{k+1})\right), \tag{1.1.3}$$

其中, $D = \bigcap\limits_{k=1}^{\infty} E_k$.

证明 (1) 设 $\{E_k\}$ 是递升集列, 则显然有 $\bigcup\limits_{k=1}^{\infty} E_k \supset \bigcup\limits_{k=0}^{\infty}(E_{k+1} \setminus E_k)$.

反之, 如果 $x \in \bigcup\limits_{k=1}^{\infty} E_k$, 记 $E_0 = \varnothing$, 则必存在自然数 k, 使得 $x \notin E_k$, 但 $x \in E_{k+1}$, 从而知 $x \in E_{k+1} \setminus E_k \subset \bigcup\limits_{k=0}^{\infty} (E_{k+1} \setminus E_k)$, 故有 $\bigcup\limits_{k=1}^{\infty} E_k = \bigcup\limits_{k=0}^{\infty} (E_{k+1} \setminus E_k)$.

设两个自然数 $i \neq k$, $i < k$, 且 $x \in (E_{i+1} \setminus E_i)$, 则 $x \notin E_i$, $x \in E_{i+1} \subset E_k \subset E_{k+1}$, 这说明 $x \notin E_{k+1} \setminus E_k$, 即 $(E_{i+1} \setminus E_i)$ 与 $(E_{k+1} \setminus E_k)$ 不相交.

(2) 对于递降集列 $\{E_k\}$, $E_1 \supset D \bigcup \left(\bigcup\limits_{k=1}^{\infty} (E_k \setminus E_{k+1}) \right)$ 是显然的.

反之, 设 $x \in E_1$, 则 $x \in D = \bigcap\limits_{k=1}^{\infty} E_k$, 或存在自然数 k, 使得 $x \in E_k$ 但 $x \notin E_{k+1}$. 即 $x \in D \bigcup (E_k \setminus E_{k+1}) \subset D \bigcup \left(\bigcup\limits_{k=1}^{\infty} (E_k \setminus E_{k+1}) \right)$. 故有 $E_1 \subset D \bigcup \left(\bigcup\limits_{k=1}^{\infty} (E_k \setminus E_{k+1}) \right)$.

如果 $x \in D = \bigcap\limits_{k=1}^{\infty} E_k$, 则对任意的自然数 k, 有 $x \in E_k$, 从而知 $x \notin E_{k+1} \setminus E_k$.

如果 $x \notin D$, 则存在自然数 k, 使得 $x \in E_k$, 但 $x \notin E_{k+1}$, 即 $x \in E_k \setminus E_{k+1}$. 则当 $i \neq k$ 时, $x \notin E_i \setminus E_{i+1}$. 故

$$E_1 = D \bigcup \left(\bigcup_{k=1}^{\infty} (E_k \setminus E_{k+1}) \right)$$

是互不相交的集列的并集. □

5. 集的乘积

设 E 与 F 是两个集合, 又设 $a \in E, b \in F$, 称集合

$$(a, b) \triangleq \Big\{ \{a\}, \{a, b\} \Big\}$$

为由元素 a, b 组成的一个序偶.

称

$$E \times F \triangleq \{(x, y) \mid x \in E,\ y \in F\}$$

为集合 E 与 F 之 Cartesian 乘积 (笛卡儿积).

特别地, 当 $E \subset \mathbb{R}, F \subset \mathbb{R}$ 时, $E \times F$ 为一切可能的有序数对 (x, y) 所成之集, 其中 $x \in E$, $y \in F$.

因为有序数对可视为平面 $\mathbb{R}^2$ 上的点, 所以 $E \times F$ 可当作平面满足条件 “$x \in E$, $y \in F$” 的一切点 (x, y) 所成之集.

类似于两个集合的乘积, 可以定义多个集合的乘积. 比如三个集合 E, F, G 的乘积 $E \times F \times G$, 它是满足条件 “$x \in E, y \in F, z \in G$” 的一切可能的三元有序组 (x, y, z) 组成的集合.

三维空间 $\mathbb{R}^3$ 可以看作三个一维空间 $\mathbb{R}$ 的乘积, 也可以看作是一个二维空间与一个一维空间的乘积.

同样, n 维空间 $\mathbb{R}^n$ 可以看作 n 个一维空间 $\mathbb{R}$ 的乘积, 也可以看作一个 p 维空间与一个 q 维空间的乘积, 其中自然数 p 与 q 的和为 n.

6. 集合 X 的幂集

设 X 是一个集合, 称 $\mathcal{P}(X) \triangleq \{E \mid E \subset X\}$ 为集合 X 的幂集.
它是由 X 的所有子集组成的集合.
比如, $X = \{1,2,3\}$, 则它的幂集为

$$\mathcal{P}(X) = \{\varnothing, \{1\}, \{2\}, \{3\}, \{1,2\}, \{1,3\}, \{2,3\}, \{1,2,3\}\}.$$

容易计算, 如果一个集合 X 含有 n 个元素, 则其幂集共有 2^n 个元素.

习 题 1.1

1. 证明: $\left(\bigcap\limits_{\lambda\in\Lambda} E_\lambda\right)^C = \bigcup\limits_{\lambda\in\Lambda} E_\lambda^C$.

2. 设 $A, B, E \subset X$, 证明: $B = (E \bigcap A)^C \bigcap (E^C \bigcup A)$ 当且仅当 $B^C = E$.

3. 证明:

(1) $A \setminus B = A \setminus (A \bigcap B) = (A \bigcup B) \setminus B$; (2) $A \triangle (B \triangle C) = (A \triangle B) \triangle C$.

4. 设 $A_k = \left(-\dfrac{1}{k}, 3 + (-1)^k\right]$, $k = 1, 2, \cdots$, 求 $\overline{\lim\limits_{k\to\infty}} A_k$.

5. 设 A, B 是两个已知的集合, 求集列 $\{E_k\}$ 的上极限集与下极限集, 并指出此集列何时有极限. 这里, 对任意的 $k \in \mathbb{N}_+$,

$$E_k = \begin{cases} A, & 2 \nmid k; \\ B, & 2 \mid k. \end{cases}$$

6. 对于由集 X 的子集组成的集列 $\{E_k\}$, 证明: 对任意的 $x \in X$, 有

(1) $\overline{\lim\limits_{k\to\infty}} \chi_{E_k}(x) = \chi_{\overline{\lim\limits_{k\to\infty}} E_k}(x)$;

(2) $\underline{\lim\limits_{k\to\infty}} \chi_{E_k}(x) = \chi_{\underline{\lim\limits_{k\to\infty}} E_k}(x)$.

7. 证明: 如果集合 E 含有 n 个元素, 则它的幂集必含有 2^n 个元素.

8. 设在 E 上, 递增函数列 $\{f_k\}$ 收敛于 f. 对任意取定的实数 t, 记

$$E_k = \{x \mid f_k(x) > t\}, \quad k = 1, 2, \cdots, \quad E = \{x \mid f(x) > t\}.$$

证明: $\lim\limits_{k\to\infty} E_k = E$.

9. 设 f_k, f 都是 $\mathbb{R}$ 上的实函数, $D = \{x \mid x \in \mathbb{R}, f_k(x) \nrightarrow f(x)\ (k \to \infty)\}$. 记 $E_i(k) = \{x \mid |f_i(x) - f(x)| \geqslant 1/k\}$, $i = 1, 2, \cdots$. 证明: $D = \bigcup\limits_{k=1}^{\infty} \overline{\lim\limits_{i\to\infty}} E_i(k)$.

1.2 映射与基数

定义 1.2.1 设 X, Y 是两个非空集合. f 是与 X, Y 有关的一个法则. 如果对 X 中的每个元 x, 都存在 Y 中唯一一个元 y 依法则 f 与之对应, 则称 f 是从 X 到 Y 的一个映射, 记为 $f: X \to Y$.

当 y 与 x 依法则 f 对应时, 称 y 为 x 在映射 f 下的像, 记为 $y = f(x)$.

若上述 Y 是实数集或复数集, 就称 f 为 X 上的**泛函**.

若上述 X, Y 都是实数集或复数集, 就称 f 为 X 上的**函数**.

需要指出的是, 现在很多学者越来越愿意把一般的映射统称为函数, 大家在阅读其他书籍的时候可能会遇到这种情况.

上述映射的定义中, X 被称为 f 的**定义域**.

设 A 为 X 的子集. 称 Y 的子集 $\{f(x) \mid x \in A\}$ 为 A 在映射 f 下的像, 记为 $f(A)$. 特别地, 称 $f(X)$ 为 f 的**值域**.

设 B 是 Y 的子集. 称 X 的子集 $\{x \mid x \in X, f(x) \in B\}$ 为集合 B 在映射 f 下的**原像**, 记为 $f^{-1}(B)$.

如果 $f(X) = Y$, 则称 f 为**满射** (**或到上的映射**).

如果 $x_1, x_2 \in X$ 且 $x_1 \neq x_2$ 时, 有 $f(x_1) \neq f(x_2)$, 则称 f 是**单射** (**或一一映射**).

如果 f 是 X 到 Y 的满单射, 就称 f 是 X 到 Y 的一个**一一对应**, 也称 f 是 X 与 Y 间的一个一一对应. 此时, 称 X **与** Y **一一对应**.

如果集合 A 与 B 一一对应, 则称集合 A 与集合 B **对等**, 记为 $A \sim B$.

对等 "$\sim$" 是集合间的一个等价关系, 即

(1) 对任意的集合 A, 有 $A \sim A$;

(2) 对任意的集合 A_1, A_2, 如果 $A_1 \sim A_2$, 则必有 $A_2 \sim A_1$;

(3) 对任意的集合 A_1, A_2, A_3, 如果 $A_1 \sim A_2$ 且 $A_2 \sim A_3$, 则必有 $A_1 \sim A_3$.

于是, 可以用这个等价关系将集合分类.

将彼此对等的集合分为同一类, 称为一个等价类.

给予每个等价类中的集合一个共同的记号, 称为这个等价类中每个集合的**基数** (**或势**).

集合 A 的基数记为 $\overline{\overline{A}}$.

如果集合 $A \sim B_1 \subset B$, 则称 A 的基数不大于 B 的基数, 记为 $\overline{\overline{A}} \leqslant \overline{\overline{B}}$.

如果集合 $A \sim B_1 \subset B$, 且 A 不与 B 对等, 则称 A 的基数小于 B 的基数, 记为 $\overline{\overline{A}} < \overline{\overline{B}}$.

定理 1.2.1　设 $\{A_k\}$ 及 $\{B_k\}$ 都是互不相交的集列, 且对任意的自然数 k, 有 $A_k \sim B_k$, 则 $\bigcup\limits_{k=1}^{\infty} A_k \sim \bigcup\limits_{k=1}^{\infty} B_k$.

证明　由于对任意的自然数 k, 有 $A_k \sim B_k$, 故存在一一对应 $\varphi_k : A_k \to B_k$.

令 $\varphi : \bigcup\limits_{k=1}^{\infty} A_k \to \bigcup\limits_{k=1}^{\infty} B_k$ 为

$$\varphi(x) = \varphi_k(x), \quad x \in A_k,\ k = 1, 2, \cdots.$$

容易验证, φ 是 $\bigcup\limits_{k=1}^{\infty} A_k$ 到 $\bigcup\limits_{k=1}^{\infty} B_k$ 上的一个一一对应. 故 $\bigcup\limits_{k=1}^{\infty} A_k \sim \bigcup\limits_{k=1}^{\infty} B_k$. 定理得证. □

定理 1.2.2 (Cantor-Bernstein) 如果集合 X 与集合 Y 的某个子集对等, 集合 Y 与集合 X 的某个子集对等, 则 X 与 Y 对等.

证明 假设 f 是 X 到 Y 的子集 Y_0 上的一一映射, g 是 Y 到 X 的子集 X_0 上的一一映射.

如果 $Y_0 = Y$, 则定理结论自然成立. 下面假设 $Y_0 \neq Y$.

记 $Y_1 = Y \setminus Y_0$, $X_1 = g(Y_1)$, $Y_2 = f(X_1)$, $\cdots$, $X_k = g(Y_k)$, $Y_{k+1} = f(X_k)$, $k = 1, 2, \cdots$ (如图 1.2.1 所示).

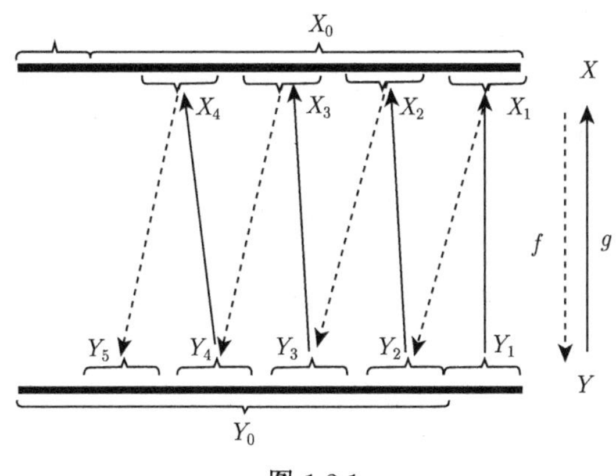

图 1.2.1

这样, 我们得到 X 的一个子集列 $\{X_k\}$ 以及 Y 的一个子集列 $\{Y_k\}$. 它们具有下列性质:

(1) 在 g 之下, Y_k 与 X_k 一一对应; 在 f 之下, X_k 与 Y_{k+1} 一一对应.

(2) 诸 X_k 互不相交, 诸 Y_k 互不相交.

这是因为 $Y_1 = Y \setminus Y_0$, $Y_2 = f(X_1) \subset Y_0$, 故 $Y_1 \bigcap Y_2 = \varnothing$. 再由 g 是一一映射知, $X_1 = g(Y_1)$ 与 $X_2 = g(Y_2)$ 不相交. 再由 f 是一一映射知, $Y_2 = f(X_1)$ 与 $Y_3 = f(X_2)$ 不相交.

这样下去, 即知诸 X_k 互不相交, 诸 Y_k 互不相交.

比较 $X = \left(X \setminus \bigcup\limits_{k=1}^{\infty} X_k\right) \bigcup \left(\bigcup\limits_{k=1}^{\infty} X_k\right)$ 与 $Y = \left(Y_0 \setminus \bigcup\limits_{k=1}^{\infty} Y_{k+1}\right) \bigcup \left(\bigcup\limits_{k=1}^{\infty} Y_k\right)$ 可知:

在 f 之下, $X \setminus \bigcup\limits_{k=1}^{\infty} X_k$ 与 $Y_0 \setminus \bigcup\limits_{k=1}^{\infty} Y_{k+1}$ 一一对应; 在 g 之下, $\bigcup\limits_{k=1}^{\infty} X_k$ 与 $\bigcup\limits_{k=1}^{\infty} Y_k$ 一一对应.

故知 X 与 Y 一一对应, 亦即 X 与 Y 对等. □

推论 1.2.1 如果集合 $A \subset E \subset B$, 集合 A 与 B 对等, 则集合 A, E 以及 B 相互对等. □

证明 由条件知, $B \sim A \subset E$, $E \sim E \subset B$, 由 Cantor-Bernstein 定理知, E 与 B 对等, 从而知集合 A, E, B 相互对等. □

实际上, Cantor-Bernstein 定理表明, 如果 $\overline{\overline{X}} \leqslant \overline{\overline{Y}}$, $\overline{\overline{Y}} \leqslant \overline{\overline{X}}$, 则 $\overline{\overline{X}} = \overline{\overline{Y}}$.

这就是说, 对于任意两个集合 A, B, $\overline{\overline{A}} < \overline{\overline{B}}$, $\overline{\overline{A}} = \overline{\overline{B}}$, $\overline{\overline{A}} > \overline{\overline{B}}$ 只有一个关系成立.

对于自然数 a, b 来说, $a < b, a = b, a > b$ 有且只有一个成立, 这被称为自然数的三歧性, 实数也具有三歧性.

如果利用选择公理, 还可以证明, 上述三个关系式必定有一个成立. 综合之可得, 基数的三歧性也是成立的.

我们指出, 定理 1.2.2 的证明也利用了选择公理, 有关选择公理的内容请读者参考有关集合论的书籍.

习 题 1.2

1. E 是 10 个两位数字组成的集合, 证明: 必存在它的两个不相交的子集 A, B 使得

$$\sum_{x \in A} x = \sum_{x \in B} x.$$

2. 给出区间 $(0, 1)$ 与 $[0, 1]$ 之间的一一对应.

3. 给出半圆与直线中的点之间的一一对应.

4. 设 A, B 都是非空集合, $\varphi : A \to B$ 是一一映射. 证明: 如果 A 不是单元素集, 则必存在 A 到 B 的异于 φ 的另一个一一映射.

5. 设 A, B 都是非空集合, $f : X \to Y$ 是一个映射. 证明:

(1) 对于 $B \subset Y$, 有 $f(f^{-1}(B)) \subset B$;

(2) 对于 $A \subset X$, 有 $f^{-1}(f(A)) \supset A$.

举例说明 (1), (2) 中的包含可能是真包含.

1.3 有限集与可列集

有限集与无限集 如果集合 A 为空集或者存在一个正整数 k, 使 A 与集合

$$\mathbb{N}_k = \{1, 2, \cdots, k\}$$

对等, 则称集合 A 为*有限集*. 不是有限集的集合被称为*无限集*或*无穷集*.

有限集 A 的基数就是集合 A 所含元素的个数, 也称为集合 A 的*计数*.

定理 1.3.1 集合 A 是有限集的必要且充分条件是 A 不与自己的任何真子集对等.

证明 **必要性** 因为空集无真子集, 故空集不可能与自己的真子集对等.

如果 A 是单元素集, 则它的真子集只有空集, 由于不存在 A 到空集上的映射, 故 A 不可能与空集对等.

假设定理对于基数为 k $(k \geqslant 1)$ 的集合成立, 即基数为 k 的集合不与自己的任何真子集对等. 下面证明定理对于基数为 $k+1$ 的集合也成立.

不妨设 $A = \mathbb{N}_{k+1} = \{1, 2, \cdots, k+1\}$ (否则, 用记号 x_i 代替 i 也是一样效果).

如果 A 与它自己的某个真子集 B 对等, 则应当存在 A 到 B 上的一个一一映射 f.

设 B 中的最大数为 j, 则 $j \leqslant k+1$.

(1) 若 $f(k+1) = j$, 则把 f 限制在 $A \setminus \{k+1\}$ 上时, 它也是 $A \setminus \{k+1\}$ 到 $B \setminus \{j\}$ 上的一一映射. 显然 $B \setminus \{j\}$ 是 $A \setminus \{k+1\}$ 的真子集. 此与前面的基数为 k 的集合不与自己的任何真子集对等这个归纳假设矛盾, 故这样的 f 不存在.

(2) 若 $f(k+1) \neq j$, 设 $f(k+1) = i$, $f(s) = j$, 则令

$$g(x) = \begin{cases} j, & x = k+1; \\ i, & x = s; \\ x, & x \in A, \text{且 } x \neq k+1, x \neq s. \end{cases}$$

则 g 也应是 A 到其真子集 B 的一个一一映射, 且满足 $g(k+1) = j$. 由前面 (1) 中的讨论可知这不可能.

综合上述分析可知 A 到其真子集 B 的一个一一映射不可能存在. 再由数学归纳法原理知此结论对任何基数为自然数的集合都成立.

充分性 设集合 A 不与自己的任何真子集对等, 往证 A 必是有限集. 如若不然, A 为无限集, 则可取出一个元素 a_1, 而 $A \setminus \{a_1\}$ 仍然是无限集, 再取出一个元素 a_2, 而 $A \setminus \{a_1, a_2\}$ 仍然是无限集. 这样下去, 可以从 A 中取出一个各项元素都互不相同的序列 $\{a_k\}$.

做映射

$$f(x) = \begin{cases} a_{k+1}, & x = a_k, k = 1, 2, \cdots; \\ x, & x \in A,\ x \neq a_k,\ k = 1, 2, \cdots. \end{cases}$$

则 f 是 A 到 $A \setminus \{a_1\}$ 上的一个一一对应, 故知 A 与自己的一个真子集对等, 矛盾. 故知 A 必是有限集. □

可列集 与正整数集 $\mathbb{N}_+$ 对等的集合称为可列集.

通俗地讲, 可以用正整数将其元素标号完毕的集合即为可列集.

记 $\overline{\overline{\mathbb{N}}}_+ = \aleph_0$ ($\aleph$ 读作 “阿列夫”). 则可知, 可列集的基数都是 $\aleph_0$.

可列集与有限集统称为至多可列集, 或称为可数集.

定理 1.3.2 可列集具有以下性质:

(1) 有限集与可列集之并集是可列集;

(2) 可列集与可列集之并集是可列集;

(3) 可列个互不相交的有限集的并集是可列集;

(4) 可列个可列集之并集是可列集;

(5) 如果 B 是集合 A 的可数子集, $A \setminus B$ 是无限集, 则集合 A 与集合 $A \setminus B$ 有相同的基数.

证明 (1) 设 $A = \{a_1, a_2, \cdots, a_i\}$ 是有限集, $B = \{b_j \mid j = 1, 2, \cdots\}$ 是可列集, 且不妨设二者不相交. 令

$$f(x) = \begin{cases} j, & x = a_j,\ j = 1, 2, \cdots, i; \\ i + j, & x = b_j,\ j = 1, 2, \cdots. \end{cases}$$

则 f 是 $A \bigcup B$ 到 $\mathbb{N}_+$ 上的一个一一对应, 故知 $A \bigcup B$ 是可列集.

(2) 设 $A = \{a_i \mid i = 1, 2, \cdots\}$, $B = \{b_i \mid i = 1, 2, \cdots\}$ 都是可列集, 且不妨设二者不相交. 令

$$f(x) = \begin{cases} 2i - 1, & x = a_i,\ i = 1, 2, \cdots; \\ 2i, & x = b_i,\ i = 1, 2, \cdots. \end{cases}$$

则 f 是 $A \bigcup B$ 到 $\mathbb{N}_+$ 上的一个一一对应, 故知 $A \bigcup B$ 是可列集.

(3) 设 $A_k = \{a_{k1}, \cdots, a_{kn_k}\}$ 是有限集, 其中 n_k 是自然数, $k = 1, 2, \cdots$. 诸 A_k 互不相交.

令

$$f(x) = \begin{cases} i, & x = a_{1i},\ i = 1, 2, \cdots, n_1; \\ n_1 + i, & x = a_{2i},\ i = 1, 2, \cdots, n_2; \\ \quad \vdots & \quad \vdots \\ \left(\sum\limits_{j=1}^{k} n_j\right) + i, & x = a_{(k+1)i},\ i = 1, \cdots, n_{k+1}; \\ \quad \vdots & \quad \vdots. \end{cases}$$

则 f 是 $\bigcup\limits_{i=1}^{\infty} A_i$ 到 $\mathbb{N}_+$ 上的一个一一对应, 故可列个互不相交的有限集的并集是可列集.

(4) 设集列 $\{A_k\}$ 中每一个集合都是可列集, 显然, 这些集合的并集必是无限集.

不妨设这些集合互不相交, 且设 $A_i = \{a_{ij} \mid j = 1, 2, \cdots\}$, $i = 1, 2, \cdots$.

将并集 $\bigcup\limits_{i=1}^{\infty} A_i$ 中的元素的两个角标的和为 n 的元素组成一个集合, 记为

$$B_n = \{a_{ij} \mid i + j = n\}, \quad n = 1, 2, \cdots.$$

显然, 这些 B_n 的并集就是 $\bigcup\limits_{i=1}^{\infty} A_i$. 另外, 这些 B_n 还是互不相交的, 都是有限集, 由前面证明的结果知, 它们的并集是可列集, 即 $\bigcup\limits_{i=1}^{\infty} A_i$ 是可列集.

(5) 因为 $A \setminus B$ 是无限集, 故包含一个可列子集, 设为 A_1. 则

$$A \setminus B = ((A \setminus B) \setminus A_1) \bigcup A_1, \quad A = ((A \setminus B) \setminus A_1) \bigcup \left(A_1 \bigcup B\right).$$

注意到 $(A\setminus B)\setminus A_1$ 与 A_1 不相交, $(A\setminus B)\setminus A_1$ 与 $A_1 \bigcup B$ 不相交, 且 A_1 与 $A_1 \bigcup B$ 都是可列集, 故对等. 因而 $A\setminus B = ((A\setminus B)\setminus A_1) \bigcup A_1$ 与 $A = ((A\setminus B)\setminus A_1) \bigcup (A_1 \bigcup B)$ 对等. □

自然数集、整数集以及有理数集都是可列集.

由定理 1.3.1 的充分性的证明可知如下定理成立:

定理 1.3.3 任何无限集合必含有可列子集.

这个定理说明, 可列集是 "最小的" 的无限集.

习 题 1.3

1. 设 f 是 $(-\infty, +\infty)$ 上的单调函数, 证明: f 的间断点组成的集合至多可列.
2. 证明: 代数数全体组成的集合是可列集 (整系数多项式的根被称为代数数).
3. 设 A 是无限集, 证明: 存在 A 的可列子集 B, 使得 A 与 $A \setminus B$ 对等.
4. 设 A 是一些互不相交的有限开区间组成的集合, 证明: A 至多是可列集.
5. 证明: $\mathbb{N}_+$ 的有限子集之全体组成的集合是可列集.

1.4 连续基数

有理数集是可列集, 我们自然会猜想, 实数集也是可列集吧? 但回答是否定的, 因为我们有以下事实:

例 1.4.1 区间 $[0, 1]$ 不是可列集.

证明 事实上, 如果区间 $[0, 1]$ 是可列集, 则可将其中的元素用正整数标号, 设它们是

$$x_1, x_2, \cdots.$$

将 $[0,1]$ 三等分, 得到三个等长的闭区间. 这三个闭区间中至少有一个不包含 x_1. 选定一个这样的闭区间, 记之为 $[a_1,b_1]$.

将 $[a_1,b_1]$ 三等分, 得到三个等长的闭区间. 这三个闭区间中至少有一个不包含 x_2. 选定一个这样的闭区间, 记之为 $[a_2,b_2]$.

这样下去, 就得到一个收缩的闭区间套 $\{[a_k,b_k]\}$, 它具有如下性质:

$$[a_1,b_1]\supset[a_2,b_2]\supset[a_3,b_3]\supset\cdots\supset[a_k,b_k]\supset\cdots,$$

$$x_1\notin[a_1,b_1],\quad x_2\notin[a_2,b_2],\quad\cdots\quad,x_k\notin[a_k,b_k],\cdots.$$

由闭区间套定理知, 存在唯一一点 $\xi\in[a_k,b_k]$ 对所有的 $k\in\mathbb{N}_+$ 成立.

显然, $\xi\in[a_1,b_1]\subset[0,1]$, 故应存在正整数 $i\in\mathbb{N}_+$, 使得 $\xi=x_i$. 但 $x_i\notin[a_i,b_i]$, 即 $\xi\notin[a_i,b_i]$, 此与前面的结论矛盾. 这说明区间 $[0,1]$ 不是可列集. □

将区间 $[0,1]$ 的基数记为 c, 称之为**连续统的基数**. 按前面的定理可知 $\aleph_0<c$.

注意到

$$\varphi(t)=(1-t)a+tb,\quad t\in[0,1]$$

是区间 $[0,1]$ 到区间 $[a,b]$ 的一个一一对应, 故区间 $[0,1]$ 与区间 $[a,b]$ 有相同的基数 c.

再由前面的定理 1.3.2 之 (5) 可以推知, 任何有限开区间、半开半闭区间的基数都是 c.

由于

$$f(x)=\tan x,\quad x\in(-\pi/2,\pi/2)$$

是区间 $\left(-\frac{\pi}{2},\frac{\pi}{2}\right)$ 与区间 $(-\infty,+\infty)$ 之间的一个一一对应, 故区间 $(-\infty,+\infty)$ (即实数集 $\mathbb{R}$) 的基数也是 c.

由关于对等集合的 Cantor-Bernstein 定理 (即定理 1.2.2) 的推论 1.2.1 可以推知, 若 $\mathbb{R}$ 的一个子集 E 包含一个非空区间 G, 则由于 $G\subset E\subset\mathbb{R}$ 以及 $\overline{\overline{G}}=\overline{\overline{\mathbb{R}}}$ 知点集 E 的基数也是 c.

定理 1.4.1 如果集合 X 与集合 Y 的基数都是 c, 则 $X\times Y$ 的基数也是 c.

证明 我们只要证明 $(0,1]\times(0,1]$ 的基数为 c 即可.

将每个 $(0,1]$ 中的元都表示成无限小数, 且不取从某一项起都是零的那种表示. 则 $(0,1]$ 中的元的这种表示是唯一的.

对于 $(0,1]\times(0,1]$ 中的元 (a,b), 设 $a=0.a_1a_2a_3\cdots a_i\cdots$, $b=0.b_1b_2b_3\cdots b_i\cdots$, 其中, $a_i,b_i\in\{0,1,2,\cdots,9\}$.

将 $(0,1]\times(0,1]$ 中的元 (a,b) 与 $(0,1]$ 中的元 $c=0.a_1b_1a_2b_2\cdots a_ib_i\cdots$ 相对应,则得到 $(0,1]\times(0,1]$ 到 $(0,1]$ 中的一个单射, 故知 $(0,1)\times(0,1)$ 的基数不会超过 c. 又显然 $(0,1]\times(0,1]$ 的基数不会小于 c, 故其基数为 c. □

由这个定理可知, $\mathbb{R}^2$ 的基数为 c.

按此方法逐步推知, 对任意的正整数 n, 集合 $\mathbb{R}^n$ 的基数是 c.

那么, 是不是基数 c 就是最大的基数了呢? 不是, 请看下面的定理.

定理 1.4.2 *没有最大的基数.*

证明 只要证明对任意的集合 X, 都有 $\overline{\overline{X}}<\overline{\overline{\mathcal{P}(X)}}$ 即可.

对于任意的集合 X, 记 $A=\{\{x\}\mid x\in X\}$, 则 $A\sim X$, 故由 $A\subset\mathcal{P}(X)$ 知 $\overline{\overline{X}}\leqslant\overline{\overline{\mathcal{P}(X)}}$.

故只要证明对于任意的集合 $\overline{\overline{X}}\neq\overline{\overline{\mathcal{P}(X)}}$ 即可.

如果 X 的基数等于 $\mathcal{P}(X)$ 的基数, 则存在一个集合 X 到集合 $\mathcal{P}(X)$ 的满单射, 设为 φ. 这样, 对任意的 $x\in X$, $\varphi(x)$ 都是幂集 $\mathcal{P}(X)$ 中的一个元素, 亦即 X 的一个子集. 从而可知 $x\in\varphi(x)$ 或者 $x\notin\varphi(x)$.

记

$$E=\{x\mid x\in X,\ x\notin\varphi(x)\},$$

则 $E\subset X$.

而 φ 是 X 到 $\mathcal{P}(X)$ 的满单射, 故知存在一个 $x_0\in X$, 使得 $\varphi(x_0)=E$.

对于 x_0 与 E, $x_0\in E$ 与 $x_0\notin E$ 二者必有一个成立.

若 $x_0\in E$, 则由 $E=\varphi(x_0)$ 知, x_0 应具有性质 "$x\in X,\ x\notin\varphi(x)$", 从而 $x_0\notin\varphi(x_0)=E$, 与 $x_0\in E$ 矛盾.

若 $x_0\notin E$, 则仍由 $E=\varphi(x_0)$ 知 $x_0\notin\varphi(x_0)$, 即 x_0 具有性质 "$x\in X,\ x\notin\varphi(x)$", 又推出 $x_0\in E$, 与 $x_0\notin E$ 矛盾.

这说明 X 到 $\mathcal{P}(X)$ 的满单射不可能存在, 故 $\overline{\overline{X}}<\overline{\overline{\mathcal{P}(X)}}$. □

习 题 1.4

1. 证明: 可列集的幂集的基数是 c.
2. 证明: $[0,1]$ 上的连续函数之全体组成的集合 $C[0,1]$ 的基数是 c.
3. 一个数列的全体子列组成的集合的基数是多少?
4. $[0,1]$ 上的函数全体组成的集合的基数是多少? $(-\infty,+\infty)$ 上的函数全体组成的集合的基数呢?
5. 证明: 实数列全体组成的集合的基数是 c.
6. 证明: 有界开区间全体组成的集合的基数为 c.
7. 证明: 由 $0,1$ 组成的数列之全体构成的集合的基数为 c.
8. 证明: 由自然数构成的数列之全体构成的集合的基数为 c.

1.5 $\mathbb{R}^n$ 空 间

定义 1.5.1 (距离空间) 设 X 是非空集合, 若对任意 $x, y \in X$, 存在唯一一个非负数 $d(x,y)$ 与之对应, 且满足下列条件:

(1) 对任意的 $x, y \in X$, $d(x,y) \geqslant 0$, 当且仅当 $x = y$ 时 $d(x,y) = 0$ (正定性);

(2) 对任意的 $x, y \in X$, $d(x,y) = d(y,x)$ (对称性);

(3) 对任意的 $x, y, z \in X$, 有 $d(x,y) \leqslant d(x,z) + d(z,y)$ (三角不等式);

则称 $d(x,y)$ 为 x 与 y 之间的距离, 称 (X,d) 为一个距离空间 (或度量空间).

定义 1.5.2 设 $\{x_k\}$ 是距离空间 (X,d) 中的点列.

(1) 如果存在一个点 $x \in X$, 使得 $\lim\limits_{k\to\infty} d(x_k, x) = 0$, 则称 $\{x_k\}$ 依距离 d 收敛于 x, 记为 $\lim\limits_{k\to\infty} x_k = x$, 或者 $x_k \xrightarrow{d} x\ (k \to \infty)$.

(2) 如果 $\{x_k\}$ 满足条件 $\lim\limits_{k,m\to\infty} d(x_k, x_m) = 0$, 则称 $\{x_k\}$ 为 (X,d) 中的 Cauchy 列 (也叫基本列) .

(3) 若 (X,d) 中的任何 Cauchy 列都收敛, 则称 (X,d) 为完备的距离空间.

(4) 对于给定的点 $x_0 \in X$ 以及 $\delta > 0$, 记

$$U(x_0, \delta) = \{x \mid x \in X, d(x_0, x) < \delta\},$$

称为 X 中以 x_0 为心、以 δ 为半径的开邻域, 简称为 x_0 的 δ-邻域.

将 $U^\circ(x_0,\delta) = U(x_0,\delta) \setminus \{x_0\}$ 称为 x_0 的去心 δ- 邻域.

(5) 对于点集 $E \subset X$, 若存在 $x_0 \in X$, $M > 0$, 使得 $E \subset U(x_0, M)$, 则称 E 为 X 中的有界集.

(6) 对于点集 $E \subset X$, 称 $d(E) = \sup\{d(x,y) \mid x, y \in E\}$ 为 E 的直径.

下面考察 n 维 Euclid 空间 $\mathbb{R}^n$.

$\mathbb{R}^n$ 空间 全体 n 元有序实数组组成的集合记为 $\mathbb{R}^n$, 即

$$\mathbb{R}^n = \{x \mid x = (\xi_1, \xi_2, \cdots, \xi_n), \xi_i \in \mathbb{R}, i = 1, 2, \cdots, n\}.$$

对于 $\mathbb{R}^n$ 中的元 $x = (\xi_1, \xi_2, \cdots, \xi_n), y = (\eta_1, \eta_2, \cdots, \eta_n)$ 以及任意实数 a, 定义:

(1) 加法: $x + y = (\xi_1 + \eta_1, \xi_2 + \eta_2, \cdots, \xi_n + \eta_n)$;

(2) 数乘: $ax = (a\xi_1, a\xi_2, \cdots, a\xi_n)$.

可以验证, $\mathbb{R}^n$ 依上述加法与数乘构成一个 n 维向量空间. $x \in \mathbb{R}^n$ 称为 $\mathbb{R}^n$ 中的点或向量. 点 $\theta = (0, \cdots, 0)$ 称为 $\mathbb{R}^n$ 的原点.

对于任意的 $x = (\xi_1, \cdots, \xi_n), y = (\eta_1, \cdots, \eta_n) \in \mathbb{R}^n$, 记

$$(x, y) \triangleq \sum_{i=1}^{n} \xi_i \cdot \eta_i,$$

它定义了 $\mathbb{R}^n$ 上的一个**内积**, $\mathbb{R}^n$ 依此内积构成一个**内积空间**.

对于点 $x \in \mathbb{R}^n$, 记

$$\|x\| \triangleq \sqrt{(x,x)} = \left(\sum_{i=1}^{n} |\xi_i|^2\right)^{\frac{1}{2}},$$

称为 x 的**模或范数**.

对于任意的 $x=(\xi_1,\cdots,\xi_n)$, $y=(\eta_1,\cdots,\eta_n) \in \mathbb{R}^n$, 记

$$d(x,y) \triangleq \|x-y\| = \left(\sum_{i=1}^{n} |\xi_i-\eta_i|^2\right)^{\frac{1}{2}}.$$

容易证明, $\mathbb{R}^n$ 依 $d(\cdot,\cdot)$ 构成一个距离空间. 此时称 $\mathbb{R}^n$ 为 n **维 Euclid 空间**.

在 $\mathbb{R}=\mathbb{R}^1$ 中, 点 x_0 的 δ-邻域 $U(x_0,\delta)$ 为开区间 $(x_0-\delta,\ x_0+\delta)$.

在平面 $\mathbb{R}^2$ 中, $U(x_0,\delta)$ 为以点 x_0 为中心、以 δ 为半径为的开圆盘.

在三维欧氏空间 $\mathbb{R}^3$ 中, $U(x_0,\delta)$ 为以点 x_0 为中心、以 δ 为半径的开球.

将 n 个有限区间 $\langle a_i,b_i\rangle(\ i=1,\cdots,n)$ 的 Cartesian 积 $I=\prod\limits_{i=1}^{n}\langle a_i,b_i\rangle$ 称为 $\mathbb{R}^n$ 中的**矩体**. 其中的有限区间 $\langle a_i,b_i\rangle$ 可以是开的, 也可以是闭的, 也可以是半开半闭的.

$\mathbb{R}^n$ 中的矩体的基数是 c.

称矩体 $\prod\limits_{i=1}^{n}(a_i,b_i]$ 为 $\mathbb{R}^n$ 中的**左开右闭矩体**.

按同样的方法可以定义**左闭右开矩体**、**开矩体**以及**闭矩体**.

称 $|I|=\prod\limits_{i=1}^{n}|b_i-a_i|$ 为矩体 $I=\prod\limits_{i=1}^{n}\langle a_i,b_i\rangle$ 的**体积**.

习 题 1.5

1. 在 $\mathbb{N}$ 上定义 $d(n,k)=\left|\dfrac{1}{n}-\dfrac{1}{k}\right|$, 证明: $(\mathbb{N},d)$ 是一个距离空间, 但它不是完备的.

2. 证明: 距离空间中的收敛点列的极限是唯一确定的.

3. 设 $\{x_k\}$ 是距离空间中的一个 Cauchy 列, 证明: 如果它的一个子列收敛, 则 $\{x_k\}$ 也收敛, 且收敛于同一极限.

1.6 开集、闭集、Borel 集

本节所涉及的点集及元素都在 $\mathbb{R}^n$ 中.

$\mathbb{R}^n$ 中的开集、闭集、Borel 集是实变函数论中最重要的三类点集.

1. 开集

点集 E 的内点　对于点 $x_0 \in E$, 如果存在 $\delta > 0$, 使得 $U(x_0, \delta) \subset E$, 则称点 x_0 为集 E 的一个内点. E 的内点全体组成的点集记为 $\mathrm{int}E$.

开集　如果 $E \subset \mathrm{int}E$, 则称 E 为 $\mathbb{R}^n$ 中的一个开集.

点集 E 的内部　包含在点集 E 中的最大开集称为点集 E 的内部.

依定义, 在 $\mathbb{R}$ 中, 开区间 (a, b) 是开集, $\mathbb{R}$ 本身也是开集.

在 $\mathbb{R}^2$ 中, 无边界圆周的整个圆面、无边界的正方形面、全平面等都是平面上的开集.

在 $\mathbb{R}^3$ 中, 开球 (即无包围它的球面的球体) 是开集.

在 $\mathbb{R}^n$ 中, 任何开矩体都是开集.

开集具有如下重要性质:

定理 1.6.1　在 $\mathbb{R}^n$ 中,

(1) 空集 $\varnothing$ 以及全空间 $\mathbb{R}^n$ 都是开集;

(2) 任意多个开集的并集是开集;

(3) 有限个开集的交集是开集.

证明　(1) 是显然的.

我们证明 (2), 将 (3) 留作练习.

设 $\{G_\lambda \mid \lambda \in \Lambda\}$ 是一个开集族, $G = \bigcup\limits_{\lambda \in \Lambda} G_\lambda$. 如果 G 是空集, 则它必然是开集. 下设它不是空集.

任取 $x_0 \in G$, 必存在 $\lambda \in \Lambda$, 使得 $x_0 \in G_\lambda$.

由于 G_λ 是开集, 故存在 $\delta > 0$, 使得 $U(x_0, \delta) \subset G_\lambda \subset G$. 这说明 x_0 是 G 的一个内点. 由 $x_0 \in G$ 的任意性知 G 是开集. □

注意, 无穷多个开集之交未必是开集. 在 $\mathbb{R}$ 中考察开集列 $\{E_k\}$, 其中 $E_k = \left(1, 2 + \dfrac{1}{k}\right)$, $k = 1, 2, \cdots$. 它们的交集 $\bigcap\limits_{k=1}^{\infty} E_k = (1, 2]$ 不是开集.

定理 1.6.2　点集 E 的内部就是 $\mathrm{int}E$.

证明　首先证明 $\mathrm{int}E$ 是开集.

如果 $\mathrm{int}E$ 是空集, 则它自然是开集. 下设 $\mathrm{int}E$ 不空.

对任意的 $x_0 \in \mathrm{int}E$, 由 x_0 是 E 的内点知, 存在 $r > 0$, 使得 $U(x_0, r) \subset E$.

我们只要证明 $U(x_0, r) \subset \mathrm{int}E$, 则知 x_0 是 $\mathrm{int}E$ 的内点. 再由点 x_0 选取的任意性知, $\mathrm{int}E$ 中的点都是自己的内点, 从而为开集.

事实上, 对任意的 $x \in U(x_0, r)$, 记 $\delta = r - d(x_0, x)$, 则 $\delta > 0$.

如果 $y \in U(x, \delta)$, 则 $d(x, y) < \delta$, 从而知

$$d(y, x_0) \leqslant d(y, x) + d(x, x_0) < \delta + d(x_0, x) = r,$$

故知 $y \in U(x_0, r)$. 由 $y \in U(x, \delta)$ 的任意性知 $U(x, \delta) \subset U(x_0, r) \subset E$, 即 x 是 E 的内点. 从而知 $U(x_0, r) \subset \text{int}E$. 结合前面的分析可知 $\text{int}E$ 是开集.

其次, 注意到 $\text{int}E \subset E$, 故 $\text{int}E$ 包含在 E 的内部中. 而 E 的内部中的点都是 E 的内点, 故 E 的内部又必然包含在 $\text{int}E$ 中. 这说明集 E 的内部就是 $\text{int}E$. □

2. 闭集

点集 E 的聚点 设 $E \subset \mathbb{R}^n, x_0 \in \mathbb{R}^n$, 若对任意的 $\delta > 0, E \bigcap U(x_0, \delta)$ 都是无限集, 则称 x_0 为点集 E 的一个聚点.

注意, 聚点不必属于点集 E 自己.

点集 E 的导集 点集 E 的一切聚点所成之集称为它的导集, 记为 E'.

闭集 若点集 $E' \subset E$, 则称点集 E 为 $\mathbb{R}^n$ 中的闭集.

点集 E 的闭包 称包含点集 E 的最小闭集为点集 E 的闭包, 记为 $\overline{E}$.

定理 1.6.3 (1) 如果点集 $A \subset B$, 则 $A' \subset B', \overline{A} \subset \overline{B}$;

(2) $(A \bigcup B)' = A' \bigcup B', \overline{(A \bigcup B)} = \overline{A} \bigcup \overline{B}$.

证明留做习题.

注意, $(A \bigcap B)'$ 一般不等于 $A' \bigcap B'$. 请读者自行举例说明.

定理 1.6.4 在空间 $\mathbb{R}^n$ 中,

(1) 点集 E 是闭集的充要条件是 E 的余集是开集;

(2) 点集 E 的导集是闭集;

(3) $\overline{E} = E \bigcup E'$;

(4) $\mathbb{R}^n$ 中的闭矩体是闭集.

证明 (1) 因为点集 E 是闭集当且仅当 E^C 中的点都不是 E 的聚点, 当且仅当对任意的 $x_0 \in E^C$, 存在 $\delta > 0$, 使得 $U(x_0, \delta) \subset E^C$, 当且仅当对任意的 $x_0 \in E^C$, x_0 是 E^C 的内点, 当且仅当 点集 E^C 是开集.

(2) 我们证明 $(E')' \subset E'$.

如果 $(E')'$ 是空集, 则它当然有 $(E')' \subset E'$. 下面假定它不是空集.

任取 $x_0 \in (E')'$, 存在 $\delta > 0$, 使得 $U(x_0, \delta) \bigcap E'$ 是无限集.

取定一个 $y_0 \in U^\circ(x_0, \delta) \bigcap E'$, 则存在一个正数 $\varepsilon > 0$, 使得 $U(y_0, \varepsilon) \subset U(x_0, \delta)$, 且 $U(y_0, \varepsilon) \bigcap E$ 是无限集, 从而知 $U(x_0, \delta) \bigcap E$ 是无限集, 故 x_0 是 E 的一个聚点.

由 $x_0 \in (E')'$ 的任意性知 $(E')'$ 中的点都是 E 的聚点, 即有 $(E')' \subset E'$.

(3) 首先证明 $E \bigcup E'$ 是闭集.

如果 $(E \bigcup E')'$ 是空集, 则 $E \bigcup E'$ 必然是闭集.

如果 $(E \bigcup E')' \neq \varnothing$, 则任取 $x_0 \in (E \bigcup E')'$, 对任意的 $\delta > 0, U(x_0, \delta) \bigcap (E \bigcup E')$ 是无限集.

如果 $x_0 \notin (E\bigcup E')$, 则 $x_0 \notin E$ 且 $x_0 \notin E'$. 从而知存在 $\delta > 0$, 使得 $U(x_0,\delta)\bigcap E = \varnothing$. 由此还可推知 $U(x_0,\delta)\bigcap E' = \varnothing$, 故 $U(x_0,\delta)\bigcap(E\bigcup E') = \varnothing$, 此与它是无限集矛盾, 故 $x_0 \in (E\bigcup E')$.

这说明 $(E\bigcup E')' \subset (E\bigcup E')$. 故 $(E\bigcup E')$ 是闭集.

其次, $E \subset (E\bigcup E')$, 故有 $\overline{E} \subset (E\bigcup E')$.

另一方面, 由 $E \subset \overline{E}$ 知 $E' \subset \overline{E}' \subset \overline{E}$, 故有 $(E\bigcup E') \subset \overline{E}$. 这就证明了 $\overline{E} = E\bigcup E'$.

(4) 是显然的. □

由定理 1.6.1 以及定理 1.6.4 之 (1) 立即可以推知下列关于闭集的性质成立.

定理 1.6.5 在空间 $\mathbb{R}^n$ 中,

(1) 空集 $\varnothing$ 以及全空间 $\mathbb{R}^n$ 都是闭集;

(2) 任意多个闭集的交集是闭集;

(3) 有限个闭集的并集是闭集.

3. 开集的构造

下面的关于开集的构造定理对于 Lebesgue 测度的建立是至关重要的.

定理 1.6.6 $\mathbb{R}$ 中的点集 G 为开集当且仅当 G 可以分解为至多可列个互不相交的开区间的并.

证明 充分性是显然的, 下面证明必要性. 如果开集 G 是空集, 则结论显然成立. 下面假设 $G \subset \mathbb{R}$ 且 $G \neq \varnothing$.

对任意的 $x_0 \in G$, 由于 x_0 是 G 的内点, 故知存在 $\alpha, \beta \in \mathbb{R}$, 使得 $\alpha < x_0 < \beta$ 且 $(\alpha,\beta) \subset G$.

记

$$a = \inf\{\alpha \mid (\alpha, x_0) \subset G\}, \quad b = \sup\{\beta \mid (x_0, \beta) \subset G\},$$

则 a 为有限实数或为 $-\infty$; b 为有限实数或为 $+\infty$; 且 $x_0 \in (a,b) \subset G$, a, b 都不在 G 中.

将这样的开区间称为开集 G 的构成区间, 它具有下列性质:

(1) G 中任意一个点必在 G 的某一个构成区间中;

(2) G 的任意两个不相同的构成区间不相交.

第一个结论由前面的陈述即可知. 对于第二个结论, 设 (a_1,b_1) 与 (a_2,b_2) 都是 G 的构成区间, 如果二者不同, 则 $a_1 \neq a_2$, $b_1 \neq b_2$ 至少有一个不成立. 不妨设 $a_1 < a_2$.

如果 $a_2 < b_1$, 则由 $a_2 \in (a_1,b_1) \subset G$ 知 $a_2 \in G$, 此与 (a_2,b_2) 是 G 的构成区间矛盾. 故必有 $b_1 < a_2$, 即 (a_1,b_1) 与 (a_2,b_2) 不相交, 故定理之第二个结论也是成立的.

在 G 的每个构成区间中取定一个有理数, 则由开集 G 的构成区间之间互不相交知这些有理数必互不相同, 将其全体组成的集合记为 A, 则易知 A 与 G 的构成区间之全体组成的集合是一一对应的. 而 A 是有理数集合的子集, 故至多为可列集, 从而知 G 的构成区间至多可列. □

此时称这些开区间为 G 的构成区间.

但定理 1.6.6 不好推广到任意 $\mathbb{R}^n$ 空间, 为今后理论及应用之需要, 我们须引入下面的定理.

定理 1.6.7 *若 $\mathbb{R}^n$ 中的点集 G 为开集, 则 G 或者为空集, 或者可以分解为可列个互不相交的左开右闭矩体的并.*

证明 为陈述简便起见, 我们只对 $\mathbb{R}^2$ 的情形证明.

如果 G 是空集, 则结论显然. 下面假设 G 不空.

用直线 $x=0,\ x=\pm1,\ x=\pm2,\ \cdots$ 以及直线 $y=0,\ y=\pm1,\ y=\pm2,\cdots$ 将 $\mathbb{R}^2$ 分割成边长为 1 的左开右闭的正方形的并, 称这类正方形为第 1 类正方形. 用 A_1 记这类左开右闭正方形中包含在 G 中的那些组成的集合, 它们至多可列个.

用直线 $x=0,\ x=\pm\frac{1}{2},\ x=\pm\frac{2}{2},\ \cdots,\ x=\pm\frac{k}{2},\ \cdots$ 以及直线 $y=0,\ y=\pm\frac{1}{2},\ y=\pm\frac{2}{2},\ \cdots,\ y=\pm\frac{k}{2},\cdots$ 将 $\mathbb{R}^2$ 分割成边长为 $\frac{1}{2}$ 的左开右闭的正方形的并, 称这类正方形为第 2 类正方形. 用 A_2 记这类左开右闭正方形中包含在 G 中但不与 A_1 中的任何一个正方形相交的那些组成的集合, 它们至多可列个.

这样下去, 一般地, 用直线 $x=0,\ x=\pm\frac{1}{2^i},\ x=\pm\frac{2}{2^i},\ \cdots,\ x=\pm\frac{k}{2^i},\ \cdots$ 以及直线 $y=0,\ y=\pm\frac{1}{2^i},\ y=\pm\frac{2}{2^i},\ \cdots,\ y=\pm\frac{k}{2^i},\ \cdots$ 将 $\mathbb{R}^2$ 分割成边长为 $\frac{1}{2^i}$ 的左开右闭的正方形的并, 称这类正方形为第 i 类正方形. 用 A_i 记这类左开右闭正方形中包含在 G 中但不与 $A_1,\ \cdots,\ A_{i-1}$ 中的任何一个正方形相交的那些左开右闭正方形组成的集合, 它们至多可列个.

这样下去, 就得到一个集列 $\{A_i\}$.

考察 $\bigcup\limits_{i=1}^{\infty} A_i$ 知, 它中的元是包含在开集 G 中的可列个互不相交的左开右闭正方形, 它们的并集就是 G.

事实上, 对任意一点 $x_0\in G$, x_0 是 G 的内点, 则必存在一个 $\delta>0$, 使得 $U(x_0,\delta)\subset G$. 取 $i\in\mathbb{N}$, 使得 $\frac{1}{2^i}<\frac{\delta}{2}$.

注意到 x_0 必包含在某个第 i 类正方形中, 记之为 J, 则 $J\subset U(x_0,\delta)$.

如果存在 $k<i$, 使得 J 包含在某个 A_k 中的第 k 类正方形中, 则证明结束. 否

则, J 必属于 A_i.

这就说明, $\bigcup\limits_{i=1}^{\infty} A_i$ 中的元的并集就是 G. □

我们举个例子, 来看看 $\mathbb{R}$ 中的开集的构成区间分解与左开右闭区间分解的区别.

$(0,1)$ 的构成区间只有一个, 就是它自己. 但是它的左开右闭分解就不是唯一的, 下面就是它的两个左开右闭分解.

$$(0,1)=\bigcup_{i=1}^{\infty}\left(\frac{i-1}{i},\frac{i}{i+1}\right]=\left(0,\frac{1}{2}\right]\bigcup\left(\frac{1}{2},\frac{2}{3}\right]\bigcup\left(\frac{2}{3},\frac{3}{4}\right]\bigcup\left(\frac{3}{4},\frac{4}{5}\right]\bigcup\cdots;$$

$$(0,1)=\bigcup_{i=1}^{\infty}\left(\frac{2^{i-1}-1}{2^{i-1}},\frac{2^i-1}{2^i}\right]=\left(0,\frac{1}{2}\right]\bigcup\left(\frac{1}{2},\frac{3}{4}\right]\bigcup\left(\frac{3}{4},\frac{7}{8}\right]\bigcup\left(\frac{7}{8},\frac{15}{16}\right]\bigcup\cdots.$$

关于左开右闭矩体, 我们还要多加一点儿分析.

记

$$\mathcal{P}=\left\{I\middle|I=\prod_{i=1}^{n}(a_i,b_i],a_i\leqslant b_i,i=1,\cdots,n\right\},$$

它是 $\mathbb{R}^n$ 中所有左开右闭矩体组成的集合. 记

$$\mathcal{R}_0=\left\{E\middle|E=\bigcup_{i=1}^{k}E_i,E_i\in\mathcal{P},i=1,\cdots,k,k\in\mathbb{N}_+\right\},$$

它是由 $\mathbb{R}^n$ 中所有有限个左开右闭矩体的并组成的集合.

读者可以通过对一些 $\mathbb{R}$ 中、$\mathbb{R}^2$ 中以及 $\mathbb{R}^3$ 中的实例的观察认识和分析一下这两个集类.

$n=1$ 时, $\mathcal{P}$ 就是全体诸如 $(0,1],(-3,7],(6,9]$ 这样的区间组成的集类.

$n=2$ 时, $\mathcal{P}$ 就是全体诸如 $(0,1]\times(0,1],(0,1]\times(-1,8],(-1,1]\times(-1,2]$ 这样的左开右闭矩形组成的集类.

再看 $\mathcal{R}_0$ 中的元.

$n=1$ 时, $\mathcal{R}_0$ 就是全体诸如 $(0,1]\bigcup(1,2],(0,1]\bigcup(3,5],(-1,1]\bigcup(5,7]\bigcup(2,6]$ 这样的点集组成的集类.

$n=2$ 时, $\mathcal{R}_0$ 就是全体诸如

$$((0,1]\times(0,1])\bigcup((-1,3]\times(0,2]),\quad((0,2]\times(-1,2])\bigcup((-1,1]\times(0,4])\bigcup((1,3]\times(2,5])$$

这样的点集组成的集类.

注意, $\mathcal{R}_0$ 中两个元的并以及差必是 $\mathcal{R}_0$ 中的元.

因为 $E \in \mathcal{R}_0$ 是有限个左开右闭矩体的并: $E = \bigcup_{i=1}^{k} A_i$, 这里, 虽然没有要求诸 A_i 是互不相交的, 但是经过重新分拆组合, 每个这样的 E 必可以表示为有限个互不相交的左开右闭矩体的并.

如果 $E = \bigcup_{i=1}^{k} A_i$, 诸 A_i 互不相交, 则称这个并是 E 的一个*初等分解*.

比如, 在 $\mathbb{R}$ 中, $E = (0,2] \bigcup (4,6]$ 就可重新表示为 $E = (0,1] \bigcup (1,2] \bigcup (4,6]$ 或者 $E = (0,1] \bigcup (1,2] \bigcup (4,5] \bigcup (5,6]$. 它们都是 E 的初等分解.

再举一个例子.

在 $\mathbb{R}^2$ 中, $E = A_1 \bigcup A_2$, 其中

$$A_1 = (-1,0] \times (1,2], \quad A_2 = (0,2] \times (1,3].$$

记 $B_1 = (-1,2] \times (1,2], B_2 = (0,2] \times (2,3]$, 则 $E = B_1 \bigcup B_2$ 是 E 的一个初等分解.

注意, 可列个 $\mathcal{R}_0$ 中的元的并集不一定是 $\mathcal{R}_0$ 中的元.

4. 孤立点、边界点、接触点

设点集 $E \subset \mathbb{R}^n$, 点 $x_0 \in \mathbb{R}^n$.

孤立点 若点 $x_0 \in E$, 存在着 $\delta > 0$, 使得 $U(x_0,\delta) \bigcap E = \{x_0\}$, 则称点 x_0 为点集 E 的一个*孤立点*.

边界点 若对任意的 $\delta > 0$, $U(x_0,\delta) \bigcap E \neq \varnothing$, $U(x_0,\delta) \bigcap E^C \neq \varnothing$, 则称点 x_0 为点集 E 的一个*边界点*.

注意, E 的边界点可能是 E 中的点, 也可能不是 E 中的点.

边界 称点集 $\partial E \triangleq \{x \mid x\text{是点集 } E \text{ 的边界点}\}$ 为点集 E 的*边界*.

接触点 若对任意的 $\delta > 0$, $U(x_0,\delta) \bigcap E \neq \varnothing$, 则称点 x_0 为 E 的一个*接触点*.

容易看出, 点集 E 本身的一切点都是其接触点. 它的聚点也为该集的接触点. 因而有下面的定理:

定理 1.6.8 *点集 E 的闭包就是点集 E 的一切接触点所组成的点集.*

自密集 如果 $E \subset E'$, 就称点集 E 为*自密集*.

由自密集的定义知, 非空的自密集没有孤立点.

完全集 如果 E 是非空的闭的自密集, 则称 E 为 $\mathbb{R}^n$ 中的*完全集*.

$\mathbb{R}$ 中的闭区间 $[a,b]$ 是 $\mathbb{R}$ 中的完全集.

定理 1.6.9 *无限集 $E \subset \mathbb{R}^n$ 是完全集当且仅当 E 无孤立点且 E 中的任意 Cauchy 列都在 E 中收敛.*

证明留作练习.

5. 稠密集与疏朗集

对于点集 E 及点集 B, 如果 $\overline{E} \supset B$, 则称 E 在点集 B 中稠密.

特别地, 若点集 E 在 $\mathbb{R}^n$ 中稠密, 则称它是 $\mathbb{R}^n$ 中的稠密集.

设 $E \subset \mathbb{R}^n$, 如果对任意的 $x_0 \in \mathbb{R}^n, \delta > 0$, 点集 E 都不在 $U(x_0, \delta)$ 中稠密, 则称 E 是 $\mathbb{R}^n$ 中的无处稠密集 (或疏朗集).

定理 1.6.10 (1) 点集 E 在 B 中稠密当且仅当 B 中的任何一点的任何邻域内都有 E 中的点;

(2) 点集 E 是疏朗集当且仅当对任意的 $x_0 \in \mathbb{R}^n$, 任意的 $\delta > 0$, 存在 $y_0 \in U(x_0, \delta), \delta' > 0$, 使 $U(y_0, \delta') \subset U(x_0, \delta)$, 并且 $U(y_0, \delta') \bigcap E = \varnothing$.

例如, $\mathbb{R}$ 中的有理点集、无理点集都在 $\mathbb{R}$ 中处处稠密. 自然数集、整数集都是 $\mathbb{R}$ 中的疏朗集.

6. Borel 集

Borel 集 由 $\mathbb{R}^n$ 中的开集出发, 经由至多可列次并、交、余运算得到的点集统称为 $\mathbb{R}^n$ 中的 Borel 集.

F_σ 型集 可表示成可数个闭集之并的集合称为 F_σ 型集.

G_δ 型集 可表示成可数个开集之交的集合称为 G_δ 型集.

F_σ 型集以及 G_δ 型集是最重要的两类 Borel 集.

任何闭集、开集、可数点集都是 F_σ 型集, 也都是 G_δ 型集;

直线上的有理点之全体所成之集、直线上的开区间 (a, b) 都是 F_σ 型的集. 直线上一切无理点所组成之集是 G_δ 型集.

注意到 $\mathbb{R}^n$ 中的开集必是可列个左开右闭矩体的并, 故 Borel 集也是由 $\mathbb{R}^n$ 中的那些左开右闭矩体出发, 经由至多可列次并、交、余运算得到的那些点集.

7. Cantor 完全集

本节讨论一个重要的点集 —— Cantor 三分集或者 Cantor 完全集, 简称 Cantor 集.

首先, 我们在有界闭区间组成的集合上定义一个算子 T : 对任意的有界闭区间 $[a, b]$, 其中 $a < b$, 定义

$$T([a, b]) = \left[a, a + \frac{b-a}{3}\right] \bigcup \left[b - \frac{b-a}{3}, b\right].$$

把算子 T 延拓到有限个互不相交的有界闭区间的并组成的集合上:

对于有限个互不相交的有界闭区间 $[a_1, b_1], \cdots, [a_k, b_k]$ 的并集 E, 定义

$$T(E) = T\left(\bigcup_{i=1}^{k} [a_i, b_i]\right) \triangleq \bigcup_{i=1}^{k} T([a_i, b_i]).$$

记 $T^1 = T$, 对任意的 $k = 2, 3, \cdots$, 定义 $T^k(E) = T(T^{k-1}(E))$.

考察集列 $\{T^k([0,1])\}$ 可知, 它是递降的, 从而是收敛的.

称点集

$$C = \lim_{k \to \infty} T^k([0,1])$$

为 Cantor(三分) 集, 或者 Cantor 完全集, 简称为 Cantor 集.

称 $G \triangleq ([0,1] \setminus C)$ 为 Cantor 余集.

Cantor 集具有如下的性质:

(1) Cantor 集 C 是闭的疏朗集.

对每个 $i \in \mathbb{N}_+$, $T^i([0,1])$ 是 2^i 个长为 3^{-i} 的互不相交的闭区间的并集, 而 $\{T^i([0,1])\}$ 是一个递降集列, 故收敛, 而且其极限集是一个递降闭集列的交, 故 C 是闭集.

下面证明 C 是疏朗集, 这只需证明 C 的内部是空集即可.

对任意的点 $x_0 \in C$, 对任意的 $\delta > 0$, 取 $i \in \mathbb{N}_+$, 使得 $3^{-i} < \delta$.

由于 $T^i([0,1])$ 是 2^i 个互不相交的长度为 3^{-i} 的闭区间的并, 故 x_0 的 δ-邻域 $(x_0 - \delta, x_0 + \delta)$ 内必含有不属于 $T^i([0,1])$ 的点, 从而含有 G 中的点.

设 $y_0 \in (x_0 - \delta, x_0 + \delta) \bigcap G$. 因为 y_0 是开集 $(x_0 - \delta, x_0 + \delta) \bigcap G$ 中的点, 故存在 $\varepsilon > 0$, 使得 $U(y_0, \varepsilon) \subset (x_0 - \delta, x_0 + \delta) \bigcap G$, 亦即 $U(y_0, \varepsilon) \subset (x_0 - \delta, x_0 + \delta)$, $U(y_0, \varepsilon) \bigcap C = \varnothing$. 由此可推知 C 是疏朗集.

(2) Cantor 余集 G 是开集, 它是 $[0,1]$ 中可列个互不相交的开区间的并, 这些开区间的长度之和为 1.

事实上,

$$G = \bigcup_{i=1}^{\infty} ([0,1] \setminus T^i([0,1]))$$

是可列个互不相交的开区间的并, 而 $[0,1] \setminus T^i([0,1])$ 是其中那些长度为 $\dfrac{1}{3^i}$ 的互不相交的开区间的并, 共 2^{i-1} 个. 它们的长度的和为 $\dfrac{2^{i-1}}{3^i}$, 故构成 G 的那些开区间的长度之和为

$$\sum_{i=1}^{\infty} \frac{2^{i-1}}{3^i} = 1.$$

(3) Cantor 集 C 具有连续基数 c.

证明留作练习.

(4) Cantor 函数.

Cantor 函数 $\Theta(x), x \in [0,1]$ 是一个重要的函数, 在后面讨论 Lebesgue 微分时要用到它, 此处我们将其构造陈述如下:

首先定义 $\Theta(0)=0$, $\Theta(1)=1$; 在 $\left(\frac{1}{3},\frac{2}{3}\right)$ 上, 定义 $\Theta(x)=\frac{1}{2}$; 在 $\left(\frac{1}{3^2},\frac{2}{3^2}\right)$ 上, 定义 $\Theta(x)=\frac{1}{2^2}$; 在 $\left(\frac{7}{3^2},\frac{8}{3^2}\right)$ 上, 定义 $\Theta(x)=\frac{3}{2^2}$.

一般地, 对任意自然数 k, 在

$$\left(\frac{1}{3^k},\frac{2}{3^k}\right),\left(\frac{7}{3^k},\frac{8}{3^k}\right),\left(\frac{19}{3^k},\frac{20}{3^k}\right),\cdots,\left(\frac{3^k-2}{3^k},\frac{3^k-1}{3^k}\right)$$

上, $\Theta(x)$ 的值分别定义为

$$\frac{1}{2^k},\frac{3}{2^k},\frac{5}{2^k},\cdots,\frac{2^k-1}{2^k}.$$

当 $x\in C, x\notin\{0,1\}$ 时, 定义

$$\Theta(x)=\sup\{\Theta(t)\mid t\in G, t<x\},$$

称此函数为 Cantor 函数, Cantor 函数是 $[0,1]$ 上的连续的单调递增函数, 它在 $[0,1]$ 中的可微的点组成的集合的基数为 c.

习　题　1.6

1. 设 $E\subset\mathbb{R}^n$, 证明:

(1) $x_0\in E'$ 的充要条件是存在 E 中的互不相同的点组成的点列 $\{x_k\}$, 使得 $x_0=\lim\limits_{k\to\infty}x_k$.

(2) $x_0\in\overline{E}$ 当且仅当存在 E 中的点列 $\{x_k\}$, 使得 $x_0=\lim\limits_{k\to\infty}x_k$.

2. 构造一个 $\mathbb{R}^2$ 中的点集 E, 使得 $E'\neq\varnothing$, $(E')'\neq\varnothing$, 而且 $(E')'\subsetneq E'$.

3. 对于 $\mathbb{R}$ 中的点集 $E_1=[0,1]\bigcap\mathbb{Q}$, $E_2=\{(0,x)|\ x\in E_1\}$, 求 E_1', $\mathrm{int}E_1$, $\overline{E}_1$ 以及 E_2', $\mathrm{int}E_2$, $\overline{E}_2$.

4. 对于 $\mathbb{R}^2$ 中的点集 $E=\left\{(x,y)|\ x\neq 0, y=\sin\frac{1}{x}\right\}\bigcup\{(0,0)\}$. 求 E', $\mathrm{int}E$, $\overline{E}$.

5. 证明: 如果点集 $A\subset B$, 则 $A'\subset B'$, $\overline{A}\subset\overline{B}$.

6. 证明: $(A\bigcup B)'=A'\bigcup B'$, $\overline{(A\bigcup B)}=\overline{A}\bigcup\overline{B}$.

7. 证明: 定理 1.6.9.

8. 证明: Cantor 集具有连续基数 c.

9. 证明: $\mathbb{R}$ 中的完全集的基数为 c.

10. 证明: Borel 集类 $\mathscr{B}$ 的基数是 c.

1.7 点集间的距离

1. 点集间的距离与隔离性定理

定义 1.7.1 对于点 $x_0 \in \mathbb{R}^n, E \subset \mathbb{R}^n$, 定义

$$d(x_0, E) = \inf\{d(x_0, x) \mid x \in E\},$$

称为点 x_0 与 E 之间的距离.

定义 1.7.2 对于点集 $A, B \subset \mathbb{R}^n$, 定义

$$d(A, B) = \inf\{d(x, y) \mid x \in A, y \in B\},$$

称为点集 A 与 B 之间的距离.

显然, $d(x_0, E) = d(\{x_0\}, E)$.

点集 A 与点集 B 之间即使仅有一个公共点, 也必有 $d(A, B) = 0$, 反之不真. 比如, 取 $A = (0, 1)$, $B = (1, 2)$, 就有 $A \bigcap B = \varnothing$, 但 $d(A, B) = 0$.

定理 1.7.1 设 $E \subset \mathbb{R}^n, E \neq \varnothing, f(x) = d(x, E), x \in \mathbb{R}^n$, 则 f 是 $\mathbb{R}^n$ 上的一致连续函数.

证明 设 $E \subset \mathbb{R}^n, E \neq \varnothing$. 对任意 $x, y \in \mathbb{R}^n$, 不妨设 $d(x, E) \leqslant d(y, E)$, 则

$$|f(x) - f(y)| = d(y, E) - d(x, E).$$

对任意的 $\varepsilon > 0$, 取 $u \in E$, 使 $d(x, u) < d(x, E) + \varepsilon$. 则

$$\begin{aligned}|f(x) - f(y)| &\leqslant d(y, u) - (d(x, u) - \varepsilon) \\ &\leqslant d(y, x) + d(x, u) - d(x, u) + \varepsilon \\ &= d(y, x) + \varepsilon.\end{aligned}$$

由 $\varepsilon > 0$ 的任意性知, $|f(x) - f(y)| \leqslant d(x, y)$ 对任意 $x, y \in \mathbb{R}^n$ 成立, 由此可推知 f 在 $\mathbb{R}^n$ 上一致连续. □

定理 1.7.2 若 F 是 $\mathbb{R}^n$ 中的非空闭集, $x_0 \in \mathbb{R}^n$, 则存在 $y_0 \in F$, 使

$$d(x_0, y_0) = d(x_0, F).$$

证明 对任意的 $k \in \mathbb{N}_+$, 取 $y_k \in F$, 使 $d(x_0, y_k) < d(x_0, F) + \dfrac{1}{k}$. 则得 F 中的有界点列 $\{y_k\}$, 它必有收敛子列, 设为 $\{y_{k_j}\}$, 并设 $y_0 = \lim\limits_{j \to \infty} y_{k_j}$, 则 $y_0 \in F$. 而

$$d(x_0, y_0) - \frac{1}{k_j} \leqslant d(x_0, y_{k_j}) - \frac{1}{k_j} + d(y_{k_j}, y_0) \leqslant d(x_0, F) + d(y_{k_j}, y_0),$$

令 $j \to \infty$, 即可得 $d(x_0, y_0) \leqslant d(x_0, F)$.

反向不等式是显然的. 定理得证. □

定理 1.7.3 设 $A,B\subset\mathbb{R}^n$, A,B 都是闭集, A 是有界集, 则存在 $x_0\in A, y_0\in B$, 使 $d(x_0,y_0)=d(A,B)$.

证明 设 A,B 都是 $\mathbb{R}^n$ 中的闭集, 且 A 是有界集. 则对任意的 $k\in\mathbb{N}_+$, 存在 $x_k\in A$, $y_k\in B$, 使

$$d(x_k,y_k)<d(A,B)+\frac{1}{k}.$$

由于 $\{x_k\}$ 是有界点列, 则它必有收敛子列, 设 $\{x_{k_i}\}$ 便是, 且设 $\{x_{k_i}\}$ 收敛于 x_0.

显然, $\{y_{k_i}\}$ 是 B 中的有界点列, 故 $\{y_{k_i}\}$ 有收敛子列, 设 $\{y_{k_{ij}}\}$ 便是, 且设 $\{y_{k_{ij}}\}$ 收敛于 y_0. 注意到 $\{x_{k_i}\}$ 的子列 $\{x_{k_{ij}}\}$ 也收敛于 x_0. 由于 A,B 都是闭集, 故 $x_0\in A$, $y_0\in B$, 从而在

$$\begin{aligned}d(x_0,y_0)&\leqslant d(x_0,x_{k_{ij}})+d(x_{k_{ij}},y_{k_{ij}})+d(y_{k_{ij}},y_0)\\&\leqslant d(x_0,x_{k_{ij}})+d(A,B)+\frac{1}{k_{ij}}+d(y_{k_{ij}},y_0)\end{aligned}$$

中令 $j\to\infty$, 可得 $d(x_0,y_0)\leqslant d(A,B)$.

反向不等式是显然的. 定理得证. □

定理 1.7.4 $E\subset\mathbb{R}^n, d>0$, $U=\{x\mid d(x,E)<d\}$ 为开集.

证明 对任意 $x_0\in U$, 取 $y_0\in E$, 使得 $d(x_0,y_0)<d$.

取正数 $\delta<\dfrac{1}{2}\min\{d(x_0,y_0),d-d(x_0,y_0)\}$, 则对任意的 $x\in U(x_0,\delta)$, 有

$$d(x,y_0)\leqslant d(x,x_0)+d(x_0,y_0)\leqslant\delta+d(x_0,y_0)<d,$$

故知 $d(x,E)<d$, 从而知 $U(x_0,\delta)\subset U$, 由此可推知 U 为开集. □

定理 1.7.5 (隔离性定理) 设 A,B 都是 $\mathbb{R}^n$ 中的非空有界闭集, $d(A,B)>0$, 则存在不相交的开集 G_1,G_2, 使 $G_1\supset A, G_2\supset B$ (即两个不相交的闭集能被两个不相交的开集分离开).

证明 记 $d=d(A,B)$, 则 $d>0$. 取

$$G_1=\left\{x\mid d(x,A)<\frac{d}{4}\right\},\quad G_2=\left\{x\mid d(x,B)<\frac{d}{4}\right\}.$$

由定理 1.7.4 知, 此二点集都是开集. 显然, $G_1\bigcap G_2=\varnothing$, 且有 $A\subset G_1$, $B\subset G_2$, 故定理之结论成立. □

2. 函数的有界延拓

定理 1.7.6 设 $F\subset\mathbb{R}^n$ 为闭集, f 在 F 上连续, 且存在 $M>0$, 使对任意的 $x\in F$, 有 $|f(x)|\leqslant M$, 则存在 $\mathbb{R}^n$ 上的连续函数 g, 使得

(1) $g(x)=f(x)$, 对任意的 $x\in F$ 成立;

(2) $|g(x)|\leqslant M$, 对任意的 $x\in\mathbb{R}^n$ 成立.

证明 把 F 分成三个点集:

$$A=\left\{x \mid x\in F,\ \frac{1}{3}M\leqslant f(x)\leqslant M\right\},$$

$$B=\left\{x \mid x\in F,\ -M\leqslant f(x)\leqslant -\frac{1}{3}M\right\},$$

$$C=\left\{x \mid x\in F,\ -\frac{1}{3}M< f(x)< \frac{1}{3}M\right\}.$$

作函数

$$g_1(x)=\left(\frac{1}{3}M\right)\frac{d(x,B)-d(x,A)}{d(x,B)+d(x,A)},\quad x\in\mathbb{R}^n.$$

因为 A 与 B 是互不相交的闭集, 所以 g_1 在 $\mathbb{R}^n$ 上处处有定义且处处连续. 此外还有

$$|g_1(x)|\leqslant\frac{1}{3}M,\quad x\in\mathbb{R}^n,$$

$$|f(x)-g_1(x)|\leqslant\frac{2}{3}M,\quad x\in F.$$

记 $f_1(x)=f(x)-g_1(x),\ x\in F$, 则 f_1 是定义在 F 上的以 $\frac{2}{3}M$ 为界的连续函数.

按前面处理 f 的方法处理 f_1, 可得 $\mathbb{R}^n$ 上的连续函数 g_2, 它满足

$$|g_2(x)|\leqslant\frac{1}{3}\left(\frac{2}{3}M\right),\quad x\in\mathbb{R}^n,$$

$$\begin{aligned}|(f(x)-g_1(x))-g_2(x)|&=|f_1(x)-g_2(x)|\\&\leqslant\frac{2}{3}\left(\frac{2}{3}M\right)\\&=\left(\frac{2}{3}\right)^2M,\quad x\in F.\end{aligned}$$

继续这一过程, 可得在 $\mathbb{R}^n$ 上的连续函数列 $\{g_k\}$, 使对任意的 $k=1,2,\cdots$, 有

$$|g_k(x)|\leqslant\frac{1}{3}\left(\frac{2}{3}\right)^{k-1}M,$$

$$|f(x)-\sum_{i=1}^{k}g_i(x)|=|f_{k-1}(x)-g_k(x)|\leqslant\left(\frac{2}{3}\right)^kM,\quad x\in F.$$

由函数项级数的 M-判别法知, 级数 $\sum\limits_{k=1}^{\infty}g_k(x)$ 在 $\mathbb{R}^n$ 上一致收敛, 记其和函数为 g,

则 g 是 $\mathbb{R}^n$ 上的连续函数, 且对任意的 $x\in\mathbb{R}^n$, 有

$$|g(x)|\leqslant\sum_{k=1}^{\infty}|g_k(x)|\leqslant\frac{M}{3}\left(1+\frac{2}{3}+\left(\frac{2}{3}\right)^2+\cdots\right)\leqslant\frac{M}{3}\frac{1}{1-\frac{2}{3}}=M.$$

注意到 $x\in F$ 时,

$$|f(x)-\sum_{i=1}^{k}g_i(x)|\leqslant\left(\frac{2}{3}\right)^k M,$$

故在 F 上函数项级数 $\sum\limits_{k=1}^{\infty}g_k(x)$ 收敛于 $f(x)$. 这说明对任意的 $x\in F$, $g(x)=f(x)$. □

习 题 1.7

1. 举例说明 $\mathbb{R}^2$ 中存在这样的点集 A,B,C, 使得 $d(A,B)>d(A,C)+d(C,B)$.

2. 将隔离性定理推广到无界点集.

3. 在 $[0,1]$ 上定义连续函数 f_1 及 f_2, 使之在 0 处的函数值为 0, 在 1 处的函数值为 1. 另外, f_1 在开区间 $\left(\frac{1}{3},\frac{2}{3}\right)$ 上取值为 $\frac{1}{2}$; f_2 在开区间 $\left(\frac{1}{3},\frac{2}{3}\right)$ 上取值为 $\frac{1}{2}$, 在开区间 $\left(\frac{1}{3^2},\frac{2}{3^2}\right)$ 上取值为 $\frac{1}{2^2}$, 在开区间 $\left(\frac{7}{3^2},\frac{8}{3^2}\right)$ 上取值为 $\frac{3}{2^2}$.

4. 将 3 题的过程继续下去. 证明所得到的函数列一致收敛于 Cantor 函数.

第 2 章　Lebesgue 测度

本章讨论 $\mathbb{R}^n$ 中的点集的 Lebesgue 测度.

2.1　Lebesgue 外测度

记

$$\mathcal{P}=\left\{I\;\middle|\;I=\prod_{i=1}^{n}(a_i,b_i],a_i\leqslant b_i,i=1,\cdots,n\right\},$$

$$\mathcal{P}_0=\left\{I\;\middle|\;I=\prod_{i=1}^{n}(a_i,b_i),a_i<b_i,i=1,\cdots,n\right\},$$

它们分别是 $\mathbb{R}^n$ 中所有左开右闭矩体组成的集合以及 $\mathbb{R}^n$ 中所有开矩体组成的集合.

对 $\delta>0$, 记

$$\mathcal{P}_0(\delta)=\left\{I\;\middle|\;I=\prod_{i=1}^{n}(a_i,b_i),0\leqslant b_i-a_i<\delta,i=1,\cdots,n\right\}.$$

它是 $\mathbb{R}^n$ 中所有边长小于 δ 的开矩体组成的集合.

定义 2.1.1　对于点集 $E\subset\mathbb{R}^n$, 定义

$$m^*E\triangleq\inf\left\{\sum_{k=1}^{\infty}|I_k|\;\middle|\;\{I_k\}\subset\mathcal{P}_0,E\subset\bigcup_{k=1}^{\infty}I_k\right\},$$

称为点集 E 的 Lebesgue 外测度, 简称 *L*-外测度.

定理 2.1.1　*L*-外测度 m^* 具有以下性质:

(1) 非负性: 对任意的点集 $E\subset\mathbb{R}^n$, $m^*E\geqslant0$, $m^*\varnothing=0$;

(2) 单调性: 若 $E_1\subset E_2$, 则 $m^*E_1\leqslant m^*E_2$;

(3) 次可列可加性: 对于 $E_k\subset\mathbb{R}^n$, $k=1,2,\cdots$,

$$m^*\left(\bigcup_{k=1}^{\infty}E_k\right)\leqslant\sum_{k=1}^{\infty}m^*E_k.$$

证明　(1) 以及 (2) 是显然的. 下面证明 (3).

对于 $E_k \subset \mathbb{R}^n$, $k=1,2,\cdots$, 如果 $\sum\limits_{k=1}^{\infty} m^*E_k=\infty$, 则定理之 (3) 自然成立.

如果 $\sum\limits_{k=1}^{\infty} m^*E_k<\infty$, 则对任意的 $\varepsilon>0$ 以及任意的 $k\in\mathbb{N}_+$, 存在 $\{I_{ki}\}\subset\mathcal{P}_0$, 使得

$$E_k\subset\bigcup_{i=1}^{\infty}I_{ki},\quad \sum_{i=1}^{\infty}|I_{ki}|\leqslant m^*E_k+\frac{\varepsilon}{2^{k+1}}.$$

令 $E=\bigcup\limits_{k=1}^{\infty}E_k$, 则 $E\subset\bigcup\limits_{k=1}^{\infty}\bigcup\limits_{i=1}^{\infty}I_{ki}$, 且

$$m^*E\leqslant\sum_{k=1}^{\infty}\sum_{i=1}^{\infty}|I_{ki}|\leqslant\sum_{k=1}^{\infty}(m^*E_k+\varepsilon/2^{k+1})<\sum_{k=1}^{\infty}m^*E_k+\varepsilon.$$

由 $\varepsilon>0$ 的任意性知 (3) 成立. □

定理 2.1.2　L-外测度 m^* 还具有以下性质:

(1) 对任意的矩体 $I=\prod\limits_{i=1}^{n}<a_i,b_i>$, $m^*I=|I|$. 如果矩体 J 包含在矩体 I 内, 则有 $m^*(I\setminus J)=|I|-|J|$.

(2) 对任意 $\delta>0$, 记

$$m_\delta^*E\triangleq\inf\left\{\sum_{k=1}^{\infty}|I_k|\;\middle|\;I_k\in\mathcal{P}_0(\delta),k=1,\cdots,E\subset\bigcup_{k=1}^{\infty}I_k\right\},$$

则 $m_\delta^*E=m^*E$.

(3) 记 $\alpha E\triangleq\inf\{\,m^*G\mid E\subset G,G\text{是开集}\}$, 则 $\alpha E=m^*E$.

(4) 记 $\beta E\triangleq\inf\left\{\sum\limits_{k=1}^{\infty}|I_k|\;\middle|\;I_k\in\mathcal{P},k=1,2,\cdots,\;E\subset\bigcup\limits_{k=1}^{\infty}I_k\right\}$, 则$\beta E=m^*E$.

证明　(1) 对任意的 $\varepsilon>0$,

$$I\subset I_\varepsilon\triangleq\prod_{i=1}^{n}(a_i-\varepsilon,b_i+\varepsilon),$$

故

$$m^*I\leqslant|I_\varepsilon|=\prod_{i=1}^{n}(b_i-a_i+2\varepsilon).$$

由 $\varepsilon>0$ 的任意性知

$$m^*I\leqslant\prod_{i=1}^{n}(b_i-a_i)=|I|.$$

反之, 对任意的 $\varepsilon > 0$, 取 $\{I_i\} \subset \mathcal{P}_0$, 使 $I \subset \bigcup\limits_{i=1}^{\infty} I_i$, 且 $\sum\limits_{i=1}^{\infty} |I_i| < m^* I + \varepsilon$.

记

$$J_\varepsilon = \prod_{i=1}^{n} [a_i + \varepsilon, b_i - \varepsilon], \quad J_i = \text{int} I_i, \quad i = 1, 2, \cdots.$$

闭集 J_ε 被开矩体列 $\{J_i\}$ 所覆盖, 由有限覆盖定理可知, 其中的有限个即可覆盖 J_ε, 不妨设 $J_1, J_2, \cdots, J_k$ 即如此. 则

$$|J_\varepsilon| \leqslant \sum_{i=1}^{k} |J_i| = \sum_{i=1}^{k} |I_i| \leqslant \sum_{i=1}^{\infty} |I_i| \leqslant m^* I + \varepsilon,$$

即

$$\prod_{i=1}^{n} (b_i - a_i - 2\varepsilon) \leqslant m^* I + \varepsilon.$$

由 $\varepsilon > 0$ 的任意性知

$$|I| = \prod_{i=1}^{n} (b_i - a_i) \leqslant m^* I.$$

综合以上分析可知 $m^* I = |I|$.

现在考虑矩体 J 包含在矩体 I 内的情形.

此时, $I \setminus J$ 可以分解为有限个矩体的并, 设其一分解为 $I \setminus J = \bigcup\limits_{i=1}^{k} I_i$, 则有 $I = \left(\bigcup\limits_{i=1}^{k} I_i\right) \bigcup J$, 从而有 $\sum\limits_{i=1}^{k} |I_i| + |J| = |I|$, 故有

$$m^*(I \setminus J) \leqslant \sum_{i=1}^{k} m^* I_i + (|J| - |J|) = \left(\sum_{i=1}^{k} |I_i| + |J|\right) - |J| = |I| - |J|.$$

再由 $I = (I \setminus J) \bigcup J$, 可知

$$|I| = m^* I \leqslant m^*(I \setminus J) + m^* J = m^*(I \setminus J) + |J|,$$

故

$$m^*(I \setminus J) \geqslant |I| - |J|.$$

这样, 我们就证明了, 当矩体 J 包含在矩体 I 内时, 有

$$m^*(I \setminus J) = |I| - |J|.$$

(2) 对任意的 $\delta > 0$, 记

$$m_\delta^* E = \inf \left\{ \sum_{i=1}^{\infty} |I_i| \;\middle|\; E \subset \bigcup_{i=1}^{\infty} I_i, I_i \in \mathcal{P}_0(\delta), i \in \mathbb{N}_+ \right\}.$$

则显然有 $m^*E \leqslant m_\delta^*E$.

若 $m^*E = +\infty$, 自然有 $m_\delta^*E \leqslant m^*E$.

若 $m^*E < +\infty$, 对任意 $\varepsilon > 0$, 取覆盖了 E 的 $\{I_i\} \subset \mathcal{P}$, 使得

$$\sum_{i=1}^{\infty} |I_i| \leqslant m^*E + \varepsilon.$$

将每个 I_i 都分割成有限个边长小于 δ 的互不相交的左开右闭矩体的并:

$$I_i = \bigcup_{j=1}^{k_i} J_{ij}, \quad J_{ij} \in P_0(\delta),$$

则 $|I_i| = \sum\limits_{j=1}^{k_i} |J_{ij}|$.

取包含 J_{ij} 的边长仍小于 δ 的开矩体 I_{ij}, 使得

$$|I_{ij}| < |J_{ij}| + \frac{\varepsilon}{2^{i+j}},$$

则

$$E \subset \bigcup_{i=1}^{\infty} \bigcup_{j=1}^{k_i} I_{ij}, \quad \sum_{i=1}^{\infty} |I_i| = \sum_{i=1}^{\infty} \sum_{j=1}^{k_i} |J_{ij}|,$$

故

$$m_\delta^*E \leqslant \sum_{i=1}^{\infty} \sum_{j=1}^{k_i} |I_{ij}| < \sum_{i=1}^{\infty} \sum_{j=1}^{k_i} \left(|J_{ij}| + \frac{\varepsilon}{2^{i+j}}\right) = \sum_{i=1}^{\infty} |I_i| + \varepsilon \leqslant m^*E + 2\varepsilon.$$

由此可以推知 $m_\delta^*E \leqslant m^*E$.

综合上述讨论有 $m_\delta^*E = m^*E$.

(3) 因为开集 $G \supset E$ 时, 必有 $m^*E \leqslant m^*G$, 故可推知 $m^*E \leqslant \alpha E$.

如果 $m^*E = +\infty$, 则自然有 $m^*E = \alpha E$. 如果 $m^*E < +\infty$, 则由 m^*E 的定义知, 对任意的 $\varepsilon > 0$, 存在开矩体列 $\{I_k\}$, 使 $E \subset \bigcup\limits_{k=1}^{\infty} I_k$, 且 $\sum\limits_{k=1}^{\infty} |I_k| < m^*E + \varepsilon$.

注意到 $G = \bigcup\limits_{k=1}^{\infty} I_k$ 是包含 E 的开集, 且

$$m^*G \leqslant \sum_{k=1}^{\infty} m^*I_k = \sum_{k=1}^{\infty} |I_k| < m^*E + \varepsilon,$$

故可推知 $\alpha E \leqslant m^*E$.

综合上述分析可知有 $\alpha E = m^*E$.

(4) 由于有限开区间必可分解为可列个互不相交的左开右闭矩体的并, 故可推知 $\beta E \leqslant m^*E$.

另一方面, 如果 $I_k = \prod_{i=1}^{n}(a_i^k, b_i^k]$, 任取 $\varepsilon \in (0,1), \varepsilon_k \in (0,1)$, 记

$$J_k = \prod_{i=1}^{n}(a_i^k, b_i^k + \varepsilon_k),$$

使得 $|J_k| < |I_k| + \frac{\varepsilon}{2^k}$. 则当 $E \subset \bigcup_{k=1}^{\infty} I_k$ 时, 必有

$$E \subset \bigcup_{k=1}^{\infty} J_k,$$

且

$$\sum_{k=1}^{\infty}|J_k| \leqslant \sum_{k=1}^{\infty}|I_k| + \varepsilon,$$

故又可推知 $m^*E \leqslant \beta E$, 从而得知 $\beta E = m^*E$. □

定理 2.1.3 (1) 设 E_1, E_2 是 $\mathbb{R}^n$ 中两个点集, 若 $d(E_1, E_2) > 0$, 则

$$m^*\left(E_1 \bigcup E_2\right) = m^*(E_1) + m^*(E_2).$$

(2) 对于开集 G 以及 G 的构成区间列 $\{I_k\}$, $m^*G = \sum_{k=1}^{\infty}|I_k|$.

证明 (1) 设 $d(E_1, E_2) = d > 0$. 不妨设 $m^*(E_1 \bigcup E_2) < \infty$. 对任意的 $\varepsilon > 0$, 取边长小于 $d/\sqrt{n}$ 的 $I_k \in \mathcal{P}_0, k \in \mathbb{N}_+$, 使得

$$E_1 \bigcup E_2 \subset \bigcup_{k=1}^{\infty} I_k, \quad 且 \quad \sum_{k=1}^{\infty}|I_k| \leqslant m^*\left(E_1 \bigcup E_2\right) + \varepsilon.$$

注意对任意的 $k \in \mathbb{N}_+$, 若 $E_1 \bigcap I_k \neq \varnothing$, 则对任意的 $z \in I_k$ 以及对任意的 $y \in E_2$, 取 $x \in E_1 \bigcap I_k$, 由 $d(x,y) \leqslant d(x,z) + d(z,y)$ 知

$$d(z,y) \geqslant d(x,y) - d(x,z) > d - \sqrt{\left(\frac{d}{\sqrt{n}}\right)^2 n} = d - d = 0.$$

这说明 $E_2 \bigcap I_k = \varnothing$.

同理, 若 $E_2 \bigcap I_k \neq \varnothing$, 则必有 $E_1 \bigcap I_k = \varnothing$.

取 $\{I_k\}$ 中使 $E_1\bigcap I_k\neq\varnothing$ 的 I_k 组成子列 $\{I_k^{(1)}\}$, 使 $E_2\bigcap I_k\neq\varnothing$ 的 I_k 组成子列 $\{I_k^{(2)}\}$, 则

$$E_1\subset\bigcup_{k=1}^{\infty}I_k^{(1)},\quad E_2\subset\bigcup_{k=1}^{\infty}I_k^{(2)}.$$

故

$$m^*E_1+m^*E_2\leqslant\sum_{k=1}^{\infty}|I_k^{(1)}|+\sum_{k=1}^{\infty}|I_k^{(2)}|\leqslant m^*\left(E_1\bigcup E_2\right)+\varepsilon.$$

由此得

$$m^*E_1+m^*E_2\leqslant m^*\left(E_1\bigcup E_2\right).$$

反向不等式是显然的.

(2) 设开集 G 的构成区间列为 $\{I_k\}$, $G=\bigcup\limits_{k=1}^{\infty}I_k$, 则

$$m^*G\leqslant\sum_{k=1}^{\infty}m^*I_k=\sum_{k=1}^{\infty}|I_k|.$$

对任意的 $\varepsilon>0$, 以及任意的 $k\in\mathbb{N}_+$, 取包含在 I_k 内的闭矩体 J_k, 使 $|I_k|<|J_k|+\frac{\varepsilon}{2^{k+1}}$. 则任意两个闭矩体 J_k 与 J_i $(k\neq i)$ 之间的距离大于 0, 由定理 2.1.2 之结论 (1) 以及本定理之结论 (1) 可知, 有

$$\sum_{i=1}^{k}|I_i|<\sum_{i=1}^{k}\left(|J_i|+\frac{\varepsilon}{2^{i+1}}\right)=\sum_{i=1}^{k}m^*J_i+\varepsilon=m^*\left(\bigcup_{i=1}^{k}J_i\right)+\varepsilon\leqslant m^*G+\varepsilon.$$

由 $k\in\mathbb{N}_+$ 以及 $\varepsilon>0$ 的任意性知, 有

$$\sum_{i=1}^{\infty}|I_i|\leqslant m^*G.$$

综合上述分析即知有 $m^*G=\sum\limits_{i=1}^{\infty}|I_i|$. □

对于点集 $E\subset\mathbb{R}^n$, $x_0\in\mathbb{R}^n$. 记 $E+\{x_0\}\triangleq\{x+x_0|x\in E\}$, 称为点集 E 的一个平移.

定理 2.1.4 (平移不变性)　设 $E\subset\mathbb{R}^n$, $x_0\in\mathbb{R}^n$, 则 $m^*(E+\{x_0\})=m^*E$.

证明　首先, 左开右闭的矩体 I 在平移下体积不变, 所以 $|I+\{x_0\}|=|I|$. 若 $\{I_k\}\subset P, E\subset\bigcup\limits_{k=1}^{\infty}I_k$, 则必有

$$E+\{x_0\}\subset\bigcup_{k=1}^{\infty}(I_k+\{x_0\}).$$

从而

$$m^*(E+\{x_0\}) \leqslant \sum_{k=1}^{\infty} |I_k+\{x_0\}| = \sum_{k=1}^{\infty} |I_k|,$$

所以, 有

$$m^*(E+\{x_0\}) \leqslant m^*E$$

再应用上述结论可知

$$m^*(E) = m^*(E+\{x_0\}+\{-x_0\}) \leqslant m^*(E+\{x_0\}),$$

所以有

$$m^*(E+\{x_0\}) = m^*E. \qquad \square$$

习 题 2.1

1. 设 E 是 $\mathbb{R}$ 中的点集, $m^*E>0$, 证明: 对任意的 t, $0<t<m^*E$, 存在点集 $A \subset E$, 使得 $m^*A=t$.

2. 设 $E \subset \mathbb{R}^n$. 若对任意的点 $x \in E$, 有 $\delta_x > 0$, 使得

$$m^*\left(E \bigcap U(x,\delta_x)\right) = 0,$$

则 $m^*E=0$, 试证之.

2.2 Lebesgue 可测集与 Lebesgue 测度

定义 2.2.1 设 $E \subset \mathbb{R}^n$. 若对任意的点集 $T \subset \mathbb{R}^n$, 有

$$m^*(T) = m^*\left(T \bigcap E\right) + m^*\left(T \bigcap E^C\right),$$

则称 E 为 Lebesgue 可测集, 简记为 L-可测集. 称 m^*E 为 E 的 Lebesgue 测度(或 L-测度), 记为 mE.

这一定义中的等式也称为 Carathéodory 条件.

由于对任意的点集 $T \subset \mathbb{R}^n$, 都有

$$m^*(T) \leqslant m^*\left(T \bigcap E\right) + m^*\left(T \bigcap E^C\right),$$

故只需验证

$$m^*(T) \geqslant m^*\left(T \bigcap E\right) + m^*\left(T \bigcap E^C\right),$$

即可判断点集 E 是可测集.

L-可测集全体组成的集合称为 L-可测集类, 记之为 $\mathscr{M}$.

一个点集必有外测度, 但未必有测度. 只有它是可测集时才能谈其测度 (见 2.4 节, 在那里我们将证明 Lebesgue 不可测集存在). 当这个点集可测时, 它的外测度就可以当作它的测度了.

定理 2.2.1　L-可测集具有以下性质:

(1) 如果 $m^*E=0$, 则 $E\in\mathscr{M}$, 且 $mE=0$.

(2) 若 $E\in\mathscr{M}$, 则 $E^C\in\mathscr{M}$.

(3) 若 $E_1,E_2\in\mathscr{M}$, 则 $E_1\bigcup E_2\in\mathscr{M}$.

(4) 若 $E_1,E_2\in\mathscr{M}$, 则 $E_1\bigcap E_2\in\mathscr{M}$, $E_1\setminus E_2\in\mathscr{M}$.

(5) 若 $E_1,\cdots,E_k\in\mathscr{M}$, 且它们互不相交, 则对任意的 $T\subset\mathbb{R}^n$, 有

$$m^*\left(T\bigcap\left(\bigcup_{i=1}^k E_i\right)\right)=\sum_{i=1}^k m^*\left(T\bigcap E_i\right).$$

(6) 若 $E_i\in\mathscr{M}(\ i=1,2,\cdots)$, 则其并集 $\bigcup\limits_{k=1}^{\infty}E_k\in\mathscr{M}$.

证明　(1) 如果 $m^*E=0$, 则对任意的 $T\subset\mathbb{R}^n$, 有

$$m^*T\leqslant m^*\left(T\bigcap E\right)+m^*\left(T\bigcap E^C\right)\leqslant m^*(E)+m^*(T)=m^*(T),$$

从而有

$$m^*T=m^*\left(T\bigcap E\right)+m^*\left(T\bigcap E^C\right),$$

故 $E\in\mathscr{M}$, 且此时, $mE=m^*E=0$.

(2) 若 $E\in\mathscr{M}$, 则对任意的 $T\subset\mathbb{R}^n$, 有

$$m^*\left(T\bigcap E^C\right)+m^*\left(T\bigcap(E^C)^C\right)=m^*\left(T\bigcap E^C\right)+m^*\left(T\bigcap E\right)=m^*(T),$$

故有 $E^C\in\mathscr{M}$.

(3) 设 $E_1,E_2\in\mathscr{M}$, 我们证明, 对任意的 $T\subset\mathbb{R}^n$, 有

$$m^*\left(T\bigcap\left(E_1\bigcup E_2\right)\right)+m^*\left(T\bigcap\left(E_1\bigcup E_2\right)^C\right)=m^*T\qquad(2.2.1)$$

即可.

先将 E_1 的可测性用于 $T\bigcap(E_1\bigcup E_2)$ 可得

$$\begin{aligned}m^*\left(T\bigcap\left(E_1\bigcup E_2\right)\right)&=m^*\left(T\bigcap\left(E_1\bigcup E_2\right)\bigcap E_1\right)+m^*\left(T\bigcap\left(E_1\bigcup E_2\right)\bigcap E_1^C\right)\\&=m^*\left(T\bigcap E_1\right)+m^*\left(\left(T\bigcap E_1^C\right)\bigcap E_2\right).\end{aligned}$$

而

$$m^*\left(T\bigcap\left(E_1\bigcup E_2\right)^C\right)=m^*\left(\left(T\bigcap E_1^C\right)\bigcap E_2^C\right),$$

故将此二式相加, 再利用 E_2 以及 E_1 的可测性即可得到

$$\begin{aligned}
&m^*\left(T\bigcap\left(E_1\bigcup E_2\right)\right)+m^*\left(T\bigcap\left(E_1\bigcup E_2\right)^C\right)\\
=&m^*\left(T\bigcap E_1\right)+m^*\left(\left(T\bigcap E_1^C\right)\bigcap E_2\right)+m^*\left(\left(T\bigcap E_1^C\right)\bigcap E_2^C\right)\\
=&m^*\left(T\bigcap E_1\right)+m^*\left(T\bigcap E_1^C\right)=m^*T,
\end{aligned}$$

故有 $E_1\bigcup E_2\in\mathscr{M}$.

(4) 若 $E_1,E_2\in\mathscr{M}$, 则有

$$E_1\bigcap E_2=\left(E_1^C\bigcup E_2^C\right)^C\in\mathscr{M},\quad E_1\setminus E_2=E_1\bigcap E_2^C\in\mathscr{M}.$$

(5) 先考虑 $k=2$ 的情形.

对于 $E_1,E_2\in\mathscr{M}$, $E_1\bigcap E_2=\varnothing$, 则对任意的 $T\subset\mathbb{R}^n$, 有

$$\begin{aligned}
&m^*\left(T\bigcap\left(E_1\bigcup E_2\right)\right)\\
=&m^*\left(\left(T\bigcap\left(E_1\bigcup E_2\right)\right)\bigcap E_1\right)+m^*\left(\left(T\bigcap\left(E_1\bigcup E_2\right)\right)\bigcap E_1^C\right)\\
=&m^*\left(T\bigcap E_1\right)+m^*\left(T\bigcap E_2\right).
\end{aligned}$$

假设此结论对 $k=i$ 成立, 则对于 $k=i+1$, 有

$$\begin{aligned}
&m^*\left(T\bigcap\left(\bigcup_{j=1}^{k}E_j\right)\right)=m^*\left(T\bigcap\left(\bigcup_{j=1}^{i+1}E_j\right)\right)\\
=&m^*\left(T\bigcap\left(\left(\bigcup_{j=1}^{i}E_j\right)\bigcup E_{i+1}\right)\right)\\
=&m^*\left(T\bigcap\left(\bigcup_{j=1}^{i}E_j\right)\right)+m^*\left(T\bigcap E_{i+1}\right)\\
=&\sum_{j=1}^{i}m^*\left(T\bigcap E_j\right)+m^*\left(T\bigcap E_{i+1}\right)=\sum_{j=1}^{i+1}m^*\left(T\bigcap E_j\right),
\end{aligned}$$

由数学归纳法即知 (5) 之结论对任意正整数 k 都成立.

(6) 若 $E_i\in\mathscr{M}(\,i=1,2,\cdots)$, 首先假设它们互不相交, 则对任意的 $T\subset\mathbb{R}^n$, 由 (5) 的结论知对任意正整数 k 有

$$\begin{aligned}
m^*T=&m^*\left(T\bigcap\left(\bigcup_{i=1}^{k}E_i\right)\right)+m^*\left(T\bigcap\left(\bigcup_{i=1}^{k}E_i\right)^C\right)\\
\geqslant&\sum_{i=1}^{k}m^*\left(T\bigcap E_i\right)+m^*\left(T\bigcap\left(\bigcup_{i=1}^{\infty}E_i\right)^C\right).
\end{aligned}$$

由 k 的任意性知

$$m^*T \geqslant \sum_{i=1}^{\infty} m^*\left(T\bigcap E_i\right) + m^*\left(T\bigcap\left(\bigcup_{i=1}^{\infty} E_i\right)^C\right),$$

而

$$m^*\left(T\bigcap\left(\bigcup_{i=1}^{\infty} E_i\right)\right) \leqslant \sum_{i=1}^{\infty} m^*\left(T\bigcap E_i\right),$$

故有

$$m^*\left(T\bigcap\left(\bigcup_{i=1}^{\infty} E_i\right)\right) + m^*\left(T\bigcap\left(\bigcup_{i=1}^{\infty} E_i\right)^C\right) \leqslant m^*T.$$

反向不等式是显然的. 故有

$$m^*T = m^*\left(T\bigcap\left(\bigcup_{i=1}^{\infty} E_i\right)\right) + m^*\left(T\bigcap\left(\bigcup_{i=1}^{\infty} E_i\right)^C\right)$$

成立, 这说明并集 $\bigcup\limits_{k=1}^{\infty} E_k$ 也属于 $\mathscr{M}$.

一般地, 对于 $E_k \in \mathscr{M}$ $(k=1,2,\cdots)$, 记

$$A_1 = E_1, \quad A_k = E_k \setminus \bigcup_{i=1}^{k-1} E_i, \quad k=2,\cdots,$$

则集列 $\{A_k\}$ 是一个互不相交的可测集列. 由前面的证明知, 它们的并 $\bigcup\limits_{k=1}^{\infty} A_k$ 仍是可测集. 而 $\bigcup\limits_{k=1}^{\infty} E_k = \bigcup\limits_{k=1}^{\infty} A_k$, 故知 $\bigcup\limits_{k=1}^{\infty} E_k$ 可测. □

仔细观察可知, 实际上我们已经证明了如下的可列可加性:

当诸可测集 E_k 互不相交时, $T=\bigcup\limits_{i=1}^{\infty} E_i$ 可测, 且

$$m\left(\bigcup_{i=1}^{\infty} E_i\right) = mT = m^*T = \sum_{i=1}^{\infty} m^*\left(T\bigcap E_i\right) + m^*\left(T\bigcap\left(\bigcup_{i=1}^{\infty} E_i\right)^C\right)$$

$$= \sum_{i=1}^{\infty} m^*\left(T\bigcap E_i\right) = \sum_{i=1}^{\infty} m^*E_i = \sum_{i=1}^{\infty} mE_i.$$

由此可进一步推知, 可测集列的上 (下) 极限集都是可测集. 而对于单调可测集列, 还有如下结论:

定理 2.2.2 (单调可测集列的测度) (1) 对于递升可测集列 $\{E_k\}$, 有

$$m\left(\lim_{k\to\infty} E_k\right) = \lim_{k\to\infty} mE_k;$$

(2) 对于递降可测集列 $\{E_k\}$, 如果 $mE_1 < \infty$, 有

$$m\left(\lim_{k\to\infty} E_k\right) = \lim_{k\to\infty} mE_k.$$

证明 (1) 若存在 k_0, 使 $mE_{k_0} = +\infty$, 则定理自然成立. 现在假定对一切 $k \in \mathbb{N}_+$, 有 $mE_k < \infty$.

由假设 $E_k \in \mathscr{M}(k = 1, 2, \cdots)$ 可知, E_{k-1} 与 $E_k \backslash E_{k-1}$ 是不相交的可测集. 由测度的可加性知

$$mE_{k-1} + m(E_k \backslash E_{k-1}) = mE_k.$$

因为 mE_{k-1} 是有限数, 所以移项得

$$m(E_k \backslash E_{k-1}) = mE_k - mE_{k-1}.$$

令 $E_0 = \varnothing$, 则有

$$\lim_{k\to\infty} E_k = \bigcup_{k=1}^{\infty} E_k = \bigcup_{k=1}^{\infty} (E_k \setminus E_{k-1}).$$

应用测度的可列可加性, 可得

$$\begin{aligned}
m\left(\lim_{k\to\infty} E_k\right) &= m\left(\bigcup_{k=1}^{\infty} (E_k \backslash E_{k-1})\right) \\
&= \sum_{k=1}^{\infty} (mE_k - mE_{k-1}) \\
&= \lim_{k\to\infty} \sum_{i=1}^{k} (mE_i - mE_{i-1}) \\
&= \lim_{k\to\infty} mE_k
\end{aligned}$$

(2) 显然, $\lim\limits_{k\to\infty} E_k$ 是可测集且 $\lim\limits_{k\to\infty} mE_k$ 是有定义的. 因为

$$E_1 \setminus E_k \subset E_1 \setminus E_{k+1}, \quad k = 2, 3, \cdots,$$

所以 $\{E_1 \setminus E_k\}$ 是递升集合列,

$$E_1 \setminus \lim_{k\to\infty} E_k = E_1 \setminus \bigcap_{k=1}^{\infty} E_k = \bigcup_{k=1}^{\infty} (E_1 \setminus E_k) = \lim_{k\to\infty} (E_1 \setminus E_k),$$

由本定理 (1) 可知

$$m(E_1 \setminus \lim_{k\to\infty} E_k) = \lim_{k\to\infty} m(E_1 \setminus E_k).$$

由于 $m(E_1) < \infty$, 故上式可写为

$$mE_1 - m(\lim_{k\to\infty} E_k) = mE_1 - \lim_{k\to\infty} mE_k.$$

消去 mE_1, 则有

$$m(\lim_{k\to\infty} E_k) = \lim_{k\to\infty} mE_k.$$ □

定理 2.2.3　每个有界矩体 I 都是 L-可测集; 开集、闭集、Borel 集都是可测集.

证明　显然, 只要证明每个有界矩体 I 都是 L-可测集即可.

设 $I = \prod_{i=1}^{n} < a_i, b_i >$. 对任意的 $T \subset \mathbb{R}^n$, 有

$$m^*T \leqslant m^*\left(T\bigcap I\right) + m^*\left(T\bigcap I^C\right).$$

对足够小的正数 $\varepsilon > 0$, 记

$$I_\varepsilon = \prod_{i=1}^{n}[a_i+\varepsilon, b_i-\varepsilon],$$

则

$$|I_\varepsilon| = \prod_{i=1}^{n}(b_i - a_i - 2\varepsilon) \to \prod_{i=1}^{n}(b_i - a_i)\ (\varepsilon \to 0^+).$$

记 $A_\varepsilon = I \setminus I_\varepsilon$, 则由定理 2.1.2 之 (1) 知, 有

$$m^*A_\varepsilon = |I| - |I_\varepsilon| \to 0\ (\varepsilon \to 0^+).$$

因为 $d(I_\varepsilon, I^C) > 0$, 故 $d(T\bigcap I_\varepsilon, T\bigcap I^C) > 0$, 由定理 2.1.3 之 (1) 知, 有

$$m^*\left(T\bigcap I_\varepsilon\right) + m^*\left(T\bigcap I^C\right) = m^*\left(T\bigcap\left(I_\varepsilon\bigcup I^C\right)\right) \leqslant m^*T,$$

从而有

$$\begin{aligned} m^*\left(T\bigcap I\right) + m^*\left(T\bigcap I^C\right) &\leqslant m^*\left(T\bigcap I_\varepsilon\right) + m^*\left(T\bigcap A_\varepsilon\right) + m^*\left(T\bigcap I^C\right) \\ &\leqslant m^*\left(T\bigcap\left(I_\varepsilon\bigcup I^C\right)\right) + m^*A_\varepsilon \leqslant m^*T + m^*A_\varepsilon. \end{aligned}$$

由 $\varepsilon > 0$ 的任意性知, 有

$$m^*\left(T\bigcap I\right) + m^*\left(T\bigcap I^C\right) \leqslant m^*T,$$

故 I 可测. □

将 Lebesgue 测度的性质分析总结, 可知有下面的定理.

定理 2.2.4 $\mathscr{M}$ 上的测度 m 具有如下性质:

(1) 非负性: 对任意的 $E\in\mathscr{M}$, $mE\geqslant 0$, $m\varnothing=0$;

(2) 单调性: 对任意的 $E_1, E_2\in\mathscr{M}$, $E_1\subset E_2$ 时, $mE_1\leqslant mE_2$;

(3) 可列可加性: 如果 $E_i\in\mathscr{M}, i=1,\cdots$, 诸 E_i 互不相交, 则有

$$m\left(\bigcup_{i=1}^{\infty}E_i\right)=\sum_{i=1}^{\infty}mE_i.$$

(1), (2) 可由 m^* 的性质推出, 而 (3) 已经在前面分析过了.

习 题 2.2

1. 证明: 可测集类 $\mathscr{M}$ 的基数为 2^c.

2. 证明: 可测集列 $\{E_k\}$ 的上、下极限集都可测, 讨论 $\{E_k\}$ 的上、下极限集的测度与 $\{mE_k\}$ 的上、下极限的关系.

3. 证明: 两个可测集的对称差是可测集, 给出对称差的测度与原来两个可测集的测度之间的关系.

4. 设 $E_1, E_2,\cdots,E_k$ 都是 $[0,1]$ 区间中的可测集, 且 $\sum\limits_{i=1}^{k}m(E_i)>k-1$, 证明:

$$m\left(\bigcap_{i=1}^{k}E_i\right)>0.$$

5. 证明: 对任意的可测集 A, B, 有 $m(A\bigcup B)+m(A\bigcap B)=mA+mB$.

6. 构造一个开集 $G\subset[0,1]$, 使得 $mG<1$, $m\overline{G}=1$.

2.3 Lebesgue 可测集的结构

前面说过, 每个 Borel 集都是 Lebergue 可测集. 进一步地, 还有更重要的结果, 那就是下面的定理.

定理 2.3.1 若 $E\in\mathscr{M}$, 则对任给的 $\varepsilon>0$,

(1) 存在包含 E 的开集 G, 使得 $m(G\backslash E)<\varepsilon$;

(2) 存在含于 E 的闭集 F, 使得 $m(E\backslash F)<\varepsilon$.

证明 (1) 首先考虑 $m(E)<\infty$ 的情形.

由定理 2.1.3 之 (2) 知, 存在包含 E 的开集 G , 使得 $mG<mE+\varepsilon$. 因为 $mE<+\infty$, 所以移项后再合并即得 $m(G\setminus E)<\varepsilon$.

讨论 $mE=+\infty$ 的情形.

令 $E_k=E\bigcap U(0,k)$, $k=1,2,\cdots$, 则 $E=\bigcup\limits_{k=1}^{\infty}E_k$, 并且 $E_k(k=1,2,\cdots)$ 可测.

因为 $mE_k < +\infty$ $(k=1,2,\cdots)$, 所以对任给的 $\varepsilon > 0$, 存在包含 E_k 的开集 G_k, 使得

$$m(G_k \setminus E_k) < \frac{\varepsilon}{2^{k+1}}.$$

记 $G = \bigcup\limits_{k=1}^{\infty} G_k$, 则 G 为开集并且 $G \supset E$. 而

$$G \setminus E \subset \bigcup_{k=1}^{\infty} (G_k \setminus E_k),$$

故有

$$m(G \setminus E) \leqslant \sum_{k=1}^{\infty} m(G_k \setminus E_k) \leqslant \sum_{k=1}^{\infty} \frac{\varepsilon}{2^{k+1}} < \varepsilon.$$

(2) 考虑 E^C. 由 (1) 可知, 对任给 $\varepsilon > 0$, 存在包含 E^C 的开集 G, 使得 $m(G \setminus E^C) < \varepsilon$. 现在令 $F = G^C$, 显然 F 是闭集且 $F \subset E$, 因为

$$E \setminus F = E \bigcap F^C = E \bigcap G = G \bigcap (E^C)^C = G \setminus E^C,$$

所以

$$m(E \setminus F) = m(G \setminus E^C) < \varepsilon.$$ □

定理 2.3.2　若 $E \in \mathscr{M}$, 则

(1) 存在包含 E 的 G_δ 型集 G 以及零测度集 H, 使得 $E = G \setminus H$;

(2) 存在含于 E 的 F_σ 型集 F 以及零测度集 L, 使得 $E = F \bigcup L$.

证明　(1) 如果 E 可测, 则对于每个自然数 k, 存在包含 E 的开集 G_k, 使得

$$m(G_k \setminus E) < \frac{1}{k}.$$

令 $G = \bigcap\limits_{k=1}^{\infty} G_k$, 则 G 为 G_δ 型集且 $E \subset G$.

记 $H = G \setminus E$, 则因为对任意的自然数 k, 都有

$$mH = m(G \setminus E) \leqslant m(G_k \setminus E) < \frac{1}{k},$$

故知 $mH = 0$, 从而知 (1) 成立.

(2) 如果 E 可测, 则对于每个自然数 k, 存在包含于 E 的闭集 F_k, 使得 $m(E \setminus F_k) < \frac{1}{k}$. 记 $F = \bigcup\limits_{k=1}^{\infty} F_k$, 则 F 为 F_σ 型集且 $F \subset E$.

再记 $L = E \setminus F$, 则对任意的自然数 k, 都有

$$mL = m(E \setminus F) \leqslant m(E \setminus F_k) < \frac{1}{k},$$

从而知 $mL = 0$. 故 (2) 成立. □

推论 2.3.1 对每一个 Lebesgue 可测集 E, 都存在着 F_σ 型集 F 与 G_δ 型集 G, 使得 $F \subset E \subset G$, 且 $mF = mE = mG$.

考虑这样一个问题: 设 E 的外测度有限, 则按照前面定理证明中的方法, 对任意的 $k \in \mathbb{N}_+$, 存在开集 $G_k \supset E$, 使得 $mG_k < m^*E + \dfrac{1}{k}$. 记 G 为这些开集 G_k 的交集, 则应有 $mG = m^*E$. 称这个 G 为 E 的等测包. 此时是否有 $m^*(G \setminus E) = 0$ 呢?

回答是不一定! 试想一下, 如果有 $m^*(G \setminus E) = 0$, 则 $G \setminus E$ 可测, 从而 $E = G \setminus (G \setminus E)$ 可测. 这岂不是说任何点集都可测了? 这是不可能的, 因为的确存在着 Lebesgue 不可测集. 这是我们下一节讨论的内容.

习 题 2.3

1. 若 $E \subset \mathbb{R}^n$, 则存在包含 E 的 G_δ 集 H, 使得 $m(H) = m^*(E)$ (此时称 H 为 E 的等测包).

2. 设 $A \subset \mathbb{R}^n$ 且 $m^*A = 0$, 证明: 对任意的点集 $B \subset \mathbb{R}^n$, 有

$$m^*\left(A \bigcup B\right) = m^*B = m^*(B \setminus A).$$

3. 设 $A_1, A_2 \subset \mathbb{R}^n$, $A_1 \subset A_2$, A_1 可测, 且 $m^*A_2 = mA_1 < +\infty$, 证明: A_2 可测.

4. 设 $E \subset [0,1]$, 证明: 若 $mE = 1$, 则 $\overline{E} = [0,1]$; 若 $mE = 0$, 则 $\mathrm{int}E = \varnothing$.

2.4 Lebesgue 不可测集

在前面对于测度与可测集的讨论中, 我们时刻小心地注意着下面这件事: 不可测集可能存在. 事实上, Lebesgue 本人早就有这个预见.

第一个不可测集的例子是 V.Volterra (意大利数学家, 1860~1940) 构造出来的, 构造过程中使用了选择公理.

定理 2.4.1 (选择公理) 设 C 为一个由非空集合所组成的集合. 那么, 我们可以从每一个在 C 中的集合中, 都选择一个元素和其所在的集合配成有序对来组成一个新的集合.

本节将用 Sierpinski 的方法构造一个不可测集.

例 2.4.1 ($\mathbb{R}$ 中的不可测集)

(1) 在 [0,1] 中建立一个等价关系 "$\sim$", 并用它将 $[0,1]$ 中的元分类.

对任意的 x, $y \in [0,1]$, 定义 $x \sim y$ 当且仅当 $x - y \in \mathbb{Q}$. 容易证明 "$\sim$" 确是 $[0,1]$ 上的一个等价关系. 事实上,

(i) 对任意的 $x \in [0,1]$, $x - x = 0 \in \mathbb{Q}$, 故 $x \sim x$;

(ii) 对任意的 $x, y \in [0,1], x \sim y$ 时, $x - y \in \mathbb{Q}$, 故 $y - x \in \mathbb{Q}$, 从而知 $y \sim x$;

(iii) 对任意的 $x, y, z \in [0,1], x \sim y, y \sim z$ 时, $x-y \in \mathbb{Q}, y-z \in \mathbb{Q}$, 故 $x-z=(x-y)+(y-z) \in \mathbb{Q}$, 这说明 $x \sim z$.

所以 "$\sim$" 确是 $[0,1]$ 上的一个等价关系.

用 "$\sim$" 将 [0,1] 的元分类: 如果 $x \sim y$, 则将 x 与 y 归为一类. 将 x 所在的类记为 $[x]$. x 所在的类中任何一个元都可以做这个类的 "代表", 即若 $y \in [x]$, 则 $[y]=[x]$.

(2) 构造不可测集 W.

由选择公理, 可在上述每个等价类中取定一点 (只一点), 将这样选定的元素全体构成的点集记为 W.

(3) 证明 W 是不可测集.

如若不然, W 是可测集, 则由 $W \subset [0,1]$ 可知 $mW>0$ 或 $mW=0$.

将 $[-1,1]$ 中的有理数全部排列出来, 记为 $r_1, r_2, \cdots, r_k, \cdots$. 记

$$E_k = W + (-r_k) = \{x - r_k \mid x \in W\},$$

则 $E_k \subset [-1,2], k=1,2,\cdots$.

注意到 Lebesgue 测度具有平移不变性, 故对任意的 $k \in \mathbb{N}_+$, E_k 可测, 且 $mE_k = mW$.

另一方面, 当 $i \neq j$ 时, $E_i \bigcap E_j = \varnothing$.

事实上, 若 $E_i \bigcap E_j \neq \varnothing$, 则取 $u \in E_i \bigcap E_j$, 应存在 $x_i \in W, x_j \in W, x_i \neq x_j$, 使 $u = x_i - r_i = x_j - r_j$. 而由 $x_i - x_j = r_i - r_j \in \mathbb{Q}$ 知, x_i 与 x_j 在同一等价类中, 此与 W 中元素的选取方法相矛盾, 故知诸 E_i 互不相交.

还可证明 $[0,1] \subset \bigcup\limits_{i=1}^{\infty} E_i$. 因为对任意的 $y \in [0,1]$, 必存在 $x \in W$, 使 $y \in [x]$, 从而由 $y-x \in [-1,1] \bigcap \mathbb{Q}$ 知, 存在 $i_0 \in \mathbb{N}_+$, 使 $y-x=r_{i_0}$, 故 $y = x + r_{i_0} \in E_{i_0}$.

由此可推知 $[0,1] \subset \bigcup\limits_{i=1}^{\infty} E_i \subset [-1,2]$. 故有

$$1 = m([0,1]) \leqslant m\left(\bigcup_{i=1}^{\infty} E_i\right) \leqslant m([-1,2]) = 3.$$

而

$$m\left(\bigcup_{i=1}^{\infty} E_i\right) = \sum_{i=1}^{\infty} mE_i = \lim_{k\to\infty} \sum_{i=1}^{k} mE_i = \lim_{k\to\infty} k \cdot mW,$$

故 $1 \leqslant \lim\limits_{k\to\infty} k \cdot mW \leqslant 3$.

若 $mW=0$, 则有 $1 \leqslant \lim\limits_{k\to\infty} k \cdot mW = 0$, 矛盾.

若 $mW > 0$, 则有 $\lim\limits_{k\to\infty} k\cdot mW = +\infty$, 又与 $\lim\limits_{k\to\infty} k\cdot mW \leqslant 3$ 矛盾.

这说明 W 必不是 Lebesgue 可测集.

用类似的方法可以在任何一个使 $m^*E > 0$ 的 $\mathbb{R}^n$ 的子集 E 中选取一些元素组成一个不可测子集.

习 题 2.4

1. 证明: 存在点集 $W \subset [0,1]$, W 是不可数集, $W - W$ 无内点.
2. 设 W 是不可测集, E 是可测集, 证明: $W \triangle E$ 是不可测集.
3. 证明: E 不可测当且仅当存在实数 r, s, $0 \leqslant r < s < +\infty$, 使对任意闭集 F, 开集 G, 当 $F \subset E \subset G$ 时, 有 $mF \leqslant r < s \leqslant mG$.
4. 举例说明一些可测集的交集不一定是可测集.

2.5 抽象测度

本节讨论怎样把 Lebesgue 测度推广到抽象测度的问题. 我们通过 Lebesgue 测度建立的回顾来给出抽象测度的定义.

为易于理解起见, 我们针对 $\mathbb{R}$ 中的可测集进行分析.

我们已经知道, 所谓 Lebesgue 测度, 乃是定义在集族 $\mathscr{M}$ 上的集合函数 m, 那么, 这个集族 $\mathscr{M}$ 有什么特点? 其上的集合函数 m 的特征是什么? 这个过程又给我们留下了什么启发呢?

首先, 根据前面的定理 2.2.1 可知, 集族 $\mathscr{M}$ 是具有下面三个性质的集类:

(1) 空集 $\varnothing$ 以及全空间 $\mathbb{R}$ 都在 $\mathscr{M}$ 中;

(2) 如果集合 A 在 $\mathscr{M}$ 中, 则其余集 A^C 也在 $\mathscr{M}$ 中;

(3) 如果集列 $\{E_k\}$ 中每个集合都在 $\mathscr{M}$ 中, 则其并集 $\bigcup\limits_{k=1}^{\infty} E_k$ 也在 $\mathscr{M}$ 中.

m 就是成功地定义在这样的集类上的一个非负的、具有可列可加性的集合函数.

把上述结论抽象出来, 就可以定义一般集族上的抽象测度, 具体作法如下: 首先, 把具有上述三个特性的集类定义为 σ-代数, 也称为 σ-域.

定义 2.5.1 设 X 是一个非空集合, $\mathcal{R}$ 是由 X 的一些子集组成的集类, 它满足如下三个条件, 称之为 X 上的一个 σ-代数:

(1) $X \in \mathcal{R}$;

(2) 如果 $E \in \mathcal{R}$, 则 $E^C \in \mathcal{R}$;

(3) 如果集列 $\{E_k\}$ 中每个集合都在 $\mathcal{R}$ 中, 则其并集 $\bigcup\limits_{k=1}^{\infty} E_k$ 也在 $\mathcal{R}$ 中.

对于这个集类还有几个变化, 我们也要列举出来, 后面要用到它们.

σ-环 如果集类 $\mathcal{R}$ 只满足如下两个条件, 称之为 X 上的一个 σ-环:

(1) 如果 $A, B \in \mathcal{R}$, 则 $A \setminus B \in \mathcal{R}$;

(2) 如果集列 $\{E_k\}$ 中每个集合都在 $\mathcal{R}$ 中, 则其并集 $\bigcup\limits_{k=1}^{\infty} E_k$ 也在 $\mathcal{R}$ 中.

注意到 $A \setminus B = (A^C \bigcup B)^C$, 故知 σ-代数一定是 σ-环.

再注意到 $A^C = X \setminus A$, 故如果 $X \in \mathcal{R}$, 则 σ-环就是 σ-代数.

容易看出, σ-环 $\mathcal{R}$ 是否为 σ-代数取决于是否有 $X \in \mathcal{R}$. 如果 $X \in \mathcal{R}$, 则由 σ-环的定义, 对任意 $E \in \mathcal{R}$ 有 $E^C = X \setminus E \in \mathcal{R}$, 故 $\mathcal{R}$ 是 σ-代数. 比 σ-代数 (σ-环) 要求更低一些的集类是代数 (环), 定义如下:

代数 如果集类 $\mathcal{R}$ 满足如下三个条件, 称之为 X 上的一个代数:

(1) $X \in \mathcal{R}$;

(2) 如果 $E \in \mathcal{R}$, 则 $E^C \in \mathcal{R}$;

(3) 如果 $A, B \in \mathcal{R}$, 则其并集 $A \bigcup B \in \mathcal{R}$.

环 如果集类 $\mathcal{R}$ 满足如下两个条件, 称之为 X 上的一个环:

(1) 如果 $A, B \in \mathcal{R}$, 则 $A \setminus B \in \mathcal{R}$;

(2) 如果 $A, B \in \mathcal{R}$, 则 $A \bigcup B \in \mathcal{R}$.

显然, 环一定是代数, 反之不然, 二者所差就是 X 是否为 $\mathcal{R}$ 中的集合这一条件.

环 (代数) 与 σ-环 (σ-代数) 的区别在于前者仅对集合的有限并运算封闭, 而后者对集合的可列并运算封闭.

将由有限个左开右闭区间的并组成的集类记为 $\mathcal{R}_0$, 则 $\mathcal{R}_0 \subset \mathscr{M} \subset \mathcal{P}(\mathbb{R})$, 其中, $\mathcal{R}_0$ 是环, $\mathscr{M}$ 与 $\mathcal{P}(\mathbb{R})$ 都是 σ-代数. $\mathcal{R}_0$ 上的测度就是 $\mathcal{R}_0$ 中的元的构成区间的长度的和. 由定理 2.1.2 之 (4) 可知, $\mathscr{M}$ 是这样确定的: 把 $\mathcal{R}_0$ 上的测度推广到 $\mathcal{P}(\mathbb{R})$ 上, 成为 $\mathcal{P}(\mathbb{R})$ 上的外测度 m^*, 然后用 Carathéodory 条件来挑选一些集合组成 σ-代数 $\mathscr{M}$, 使得 m^* 成为 $\mathscr{M}$ 上的测度.

将上述过程一般化:

定义 2.5.2 设 X 是一个非空集合, $\mathcal{R}$ 是一个由 X 的一些子集组成的环. μ 是定义在 $\mathcal{R}$ 上的一个函数. 如果 μ 满足如下三个条件, 则称它为环 $\mathcal{R}$ 上的一个测度:

(1) $\mu\varnothing = 0$;

(2) 对任意的 $E \in \mathcal{R}$, $\mu E \geqslant 0$;

(3) 对任意的互不相交的集列 $\{E_k\}\subset\mathcal{R}$, 如果 $\bigcup\limits_{k=1}^{\infty}E_k\in\mathcal{R}$, 则有

$$\mu\left(\bigcup_{k=1}^{\infty}E_k\right)=\sum_{k=1}^{\infty}\mu E_k\quad(\text{可列可加性}).$$

如果其中的条件 (3) 改为下面的 (3′), 就称它为环 $\mathcal{R}$ 上的一个外测度.

(3′) 对任意的集列 $\{E_k\}\subset\mathcal{R}$, 如果 $\bigcup\limits_{k=1}^{\infty}E_k\in\mathcal{R}$, 则有

$$\mu\left(\bigcup_{k=1}^{\infty}E_k\right)\leqslant\sum_{k=1}^{\infty}\mu E_k\quad(\text{次可列可加性}).$$

正如前面所说, $\mathscr{M}$ 是如此之好, 它构成了一个 σ-代数. 从而 $(\mathbb{R},\mathscr{M},m)$ 形成了一个结构, 这个结构被称为 $\mathbb{R}$ 上的 Lebesgue 测度空间.

一般地, 如果 $\mathcal{R}$ 是 X 上的一个 σ-代数, 则称 $(X,\mathcal{R})$ 为一个可测空间, $\mathcal{R}$ 中的集合被称为可测集.

若 μ 是定义在这个 σ-代数 $\mathcal{R}$ 上的测度, 则称 $(X,\mathcal{R},\mu)$ 为一个测度空间.

如果测度空间 $(X,\mathcal{R},\mu)$ 满足条件 $\mu(X)=1$, 则称这个测度空间为概率空间, 称这个测度为概率测度.

仔细分析可知, 可测空间意味着可以在其上定义测度了, 但没有说怎么定义. 可测空间与测度空间还是有着不小的差距的.

按照 Lebesgue 测度建立的方法, 假设我们已经在非空集合 X 上的环 $\mathcal{R}$ 上定义了测度 μ, 下一步就可以将 μ 延拓到由 $\mathcal{R}$ 生成的 σ-环上.

首先, 将环 $\mathcal{R}$ 扩大为如下 σ-环:

$$H(\mathcal{R})=\left\{E\;\middle|\;E\subset X,\text{存在 }\{E_k\}\subset\mathcal{R},\text{使得}E\subset\bigcup_{k=1}^{\infty}E_k\right\}.\tag{2.5.1}$$

然后, 借助环 $\mathcal{R}$ 上的测度 μ 在 $H(\mathcal{R})$ 上定义 μ^*:

$$\mu^*E=\inf\left\{\sum_{k=1}^{\infty}\mu E_k\;\middle|\;E\subset X,\ \{E_k\}\subset\mathcal{R},\text{且 }E\subset\bigcup_{k=1}^{\infty}E_k\right\}.\tag{2.5.2}$$

一般地, μ^* 在 $H(\mathcal{R})$ 上不一定满足测度定义中的可列可加性, 它可能只是 $H(\mathcal{R})$ 上的一个外测度. 此时就需要对 $H(\mathcal{R})$ 中的集合进行挑选, 挑选的方法是应用 Carathéodory 条件:

对于 $H(\mathcal{R})$ 中的集合 E, 如果对任意的集合 $T\in H(\mathcal{R})$, 总有

$$\mu^*T=\mu^*\left(T\bigcap E\right)+\mu^*\left(T\bigcap E^C\right),\tag{2.5.3}$$

则称集合 E 为 μ^* 可测集, 称 μ^*E 为 E 的测度.

全体 μ^* 可测集组成了 X 上的一个包含着 $\mathcal{R}$ 的 σ-环. 如果 X 也在其中, 则它就是一个 σ-代数.

还要提醒注意的是, $\mathcal{R}$ 中的集合都是 μ^* 可测集, 而且对于 $E \in \mathcal{R}$, 有 $\mu^*E = \mu E$.

那么, 这个 μ^* 是不是可以继续用这个方法延拓到更大的集类上呢, 答案是不能, 为什么不能, 请读者自行分析讨论.

抽象测度比较一般化, 因此有很多在 Lebesgue 测度中没有的问题就会在抽象测度中暴露出来. 我们也稍加分析.

(1) 如果 $A \subset B$, B 在 σ-环 $\mathcal{R}$ 中, 且 $\mu(B) = 0$, A 也可能不在 $\mathcal{R}$ 中. 因此就有了如下概念:

定义 2.5.3　设 μ 是 σ-环 $\mathcal{R}$ 上的测度, 如果 $A \subset B$, $B \in \mathcal{R}$, 且 $\mu(B) = 0$ 时, 必有 $A \in \mathcal{R}$ 且 $\mu(A) = 0$, 则称 μ 是**完全测度**.

(2) 同一个可测空间上的两个测度之间的关系.

由前面的分析可以想到, 同一个可测空间上可能有两个以上的测度.

设 $(X, \mathscr{R}, \mu)$ 以及 $(X, \mathscr{R}, \nu)$ 都是测度空间, μ 与 ν 是同一可测空间 $(X, \mathscr{R})$ 上的两个测度.

对于 $E \in \mathscr{R}$, 若 $\mu E = 0$ 时必有 $\nu E = 0$, 则称 ν 对于 μ 是绝对连续的.

一个测度对于另一个测度绝度连续这一概念可以推广到广义测度上, 限于篇幅, 不再展开讨论, 感兴趣的读者请参考 P.R.Halmos 的《测度论》.

习　题　2.5

1. 设 X 是一个非空集合, $\mathcal{P}(X)$ 是 X 的幂集, 显然 $(X, \mathcal{P}(X))$ 是一个可测空间. 在 $\mathcal{P}(X)$ 上定义映射 μ^* 如下:

如果

$$\mu^*(A) = \begin{cases} 0, & A = \varnothing; \\ 1, & A \neq \varnothing. \end{cases}$$

证明: μ^* 是 $\mathcal{P}(X)$ 上的一个外测度.

2. 设 X 是一个非空集合, $\mathcal{P}(X)$ 是 X 的幂集. 在可测空间 $(X, \mathcal{P}(X))$ 上定义映射 μ^* 如下:

$$\mu^*(A) = \begin{cases} 0, & A\text{是可数集}; \\ 1, & A\text{不是可数集}. \end{cases}$$

证明: μ^* 是 $\mathcal{P}(X)$ 上的一个外测度.

3. 设 X 是一个非空集合, $\mathcal{P}(X)$ 是 X 的幂集. 在可测空间 $(X, \mathcal{P}(X))$ 上定义映射 μ^* 如下:

$$\mu^*(A)=\begin{cases}0, & A\text{是有限集};\\ 1, & A\text{不是有限集}.\end{cases}$$

证明: μ^* 不是 $\mathcal{P}(X)$ 上的外测度.

4. 设 g 是定义在 $(-\infty,+\infty)$ 上的一个单调递增的右连续函数, $\mathcal{R}_0$ 是由有限个互不相交的左开右闭区间的并之全体组成的环. 对 $\mathcal{R}_0$ 中的元 $E=\bigcup\limits_{i=1}^{k}(a_i,b_i]$, 定义 $g(E)=\sum\limits_{i=1}^{k}(g(b_i)-g(a_i))$. 证明: g 是 $\mathcal{R}_0$ 上的一个测度.

5. 在正整数集 $\mathbb{N}_+$ 与其幂集构成的可测空间 $(\mathbb{N}_+,\mathcal{P}(\mathbb{N}_+))$ 上定义函数 $\nu(A)$ 为 A 的基数. 证明: $\nu(A)$ 是一个测度.

第 3 章 Lebesgue 可测函数

我们在《绪论》中曾经说过, 希望对定义域进行这样的分割 $E=E_1\bigcup E_2\bigcup\cdots\bigcup E_N$, 每个 E_i 都可测, 而且在每个 E_i 上, f 的振幅足够小, 这样可以构造新的积分和, 那么, 怎么构造这样的分割呢? Lebesgue 给出了这样的一个方法, 如果 f 是有界函数, $A<f(x)\leqslant B$, 则可以对 $[A,B]$ 实行 n 等分:

$$A=y_0<y_1<\cdots<y_n=B,\quad y_{i+1}-y_i=\frac{B-A}{n},$$

且

$$E_i=\{x|x\in E,y_{i-1}<f(x)\leqslant y_i\},\quad i=1,2,\cdots,n,$$

则若每个 E_i 都是可测集, 则由它们构成 E 的一个可测分割, 且在 E_i 上, f 的振幅不超过 $\dfrac{B-A}{n}$.

因此, 我们希望对任意的实数 t,s, 当 $t<s$ 时, 函数 f 所对应的形如 $\{x\mid x\in E,\ t<f(x)\leqslant s\}$ 的点集是可测集.

而对任意的实数 $t,\ s$, 当 $t<s$ 时,

$$\{x\mid x\in E,\ t<f(x)\leqslant\ s\}=\{x\mid x\in E,\ f(x)>t\}\setminus\{x\mid x\in E,\ f(x)>s\},$$

故只要考察是否对任意的实数 t, $\{x\mid x\in E,\ f(x)>t\}$ 都可测即可, 具有这种性质的函数将被称为 Lebesgue 可测函数.

本章将针对 Lebesgue 可测函数及其性质以及可测函数的基本构造展开讨论. 首先, 给出可测函数的概念, 讨论它的等价形式及基本性质; 其次, 引入“几乎处处”概念, 讨论可测函数与简单函数的关系; 再次, 引入依测度收敛概念, 讨论函数列的几乎处处收敛、近一致收敛、依测度收敛之间的关系; 最后, 讨论可测函数与连续函数之间的关系 (卢津定理).

在以后的讨论中, 经常遇到处理函数列的极限函数的情形, 而极限可能取到 $+\infty$ 或 $-\infty$, 故为了运算方便, 我们索性认为我们所考虑的函数都是可以取到 $+\infty$ 或 $-\infty$ 的函数, 称为广义实值函数. 于是就得规定有限实数与 $+\infty$ 或 $-\infty$ 之间的运算. 我们规定:

$$(+\infty)+(+\infty)=+\infty,\quad (-\infty)+(-\infty)=-\infty,$$

$$(+\infty)\cdot(+\infty)=+\infty,\quad (-\infty)\cdot(-\infty)=+\infty,$$

$$(+\infty)\cdot(-\infty)=-\infty, \quad 0\cdot(\pm\infty)=0.$$

对于实数 a, 规定:

$$a+(+\infty)=+\infty, \quad a+(-\infty)=-\infty.$$

对于实数 $a>0, b<0$, 规定:

$$a\cdot(+\infty)=+\infty, \quad a\cdot(-\infty)=-\infty,$$

$$b\cdot(+\infty)=-\infty, \quad b\cdot(-\infty)=+\infty.$$

而 $(+\infty)-(+\infty)$, $(-\infty)-(-\infty)$, $(+\infty)+(-\infty)$ 都是不被允许的运算, 或者说这样的运算没有意义, 除非特别说明.

3.1 Lebesgue 可测函数的概念与基本性质

1. 可测函数的概念

定义 3.1.1 对于可测点集 $E\subset\mathbb{R}^n$ 上的函数 f, 如果对任意的实数 t, $\{x\mid x\in E, f(x)>t\}$ 都是可测集, 则称函数 f 为 E 上的 Lebesgue **可测函数**, 简称 f 在 E 上可测.

为了应用方便, 给出几个常用的关于函数可测的等价条件.

定理 3.1.1 对于可测集 $E\subset\mathbb{R}^n$ 上的函数 f, 下列条件等价:

(1) f 是 E 上的可测函数;

(2) 对任意的实数 t, $\{x\mid x\in E, f(x)\leqslant t\}$ 都是可测集;

(3) 对任意的实数 t, $\{x\mid x\in E, f(x)<t\}$ 都是可测集;

(4) 对任意的实数 t, $\{x\mid x\in E, f(x)\geqslant t\}$ 都是可测集.

证明 (1) $\Rightarrow$ (2)

设 f 是 E 上的可测函数. 对任意的实数 t,

$$\{x\mid x\in E,\ f(x)\leqslant t\}=E\setminus\ \{x\mid x\in E,\ f(x)>t\}$$

为两个可测集的差, 故仍为可测集.

(2) $\Rightarrow$ (3)

设对任意的实数 t, $\{x\mid x\in E,\ f(x)\leqslant t\}$ 都是可测集. 则对任意的实数 t,

$$\{x\mid x\in E,\ f(x)<t\}=\bigcup_{k=1}^{\infty}\left\{x\mid x\in E,\ f(x)\leqslant t-\frac{1}{k}\right\}$$

为可列个可测集的并集, 故仍为可测集.

(3) $\Rightarrow$ (4)

设对任意的实数 t, $\{x\mid x\in E,\ f(x)<t\}$ 都是可测集. 则对任意的实数 t,

$$\{x \mid x \in E,\ f(x) \geqslant t\} = E \setminus \{x \mid x \in E,\ f(x) < t\}$$

为两个可测集的差, 故仍为可测集.

(4) ⇒ (1)

对任意的实数 t, $\{x \mid f(x) \geqslant t\}$ 都可测. 故对任意的实数 t,

$$\{x \mid x \in E,\ f(x) > t\} = \bigcup_{k=1}^{\infty} \left\{x \mid x \in E,\ f(x) \geqslant t + \frac{1}{k}\right\}$$

为可列个可测集的并集, 故仍为可测集. □

进一步地, 这个定理中的实数集可以用 $\mathbb{R}$ 的任意一个稠密子集代替. 比如说, 只要证明对任意的 $t \in \mathbb{Q}$, $\{x \mid x \in E,\ f(x) > t\}$ 都是可测集, 则函数 f 必为 E 上的 Lebesgue 可测函数.

定理 3.1.2 设 D 在 $\mathbb{R}$ 中稠密, f 是可测集 E 上的函数, 则下列条件等价:

(1) f 是 E 上的可测函数;

(2) 对任意的 $t \in D$, $\{x \mid x \in E, f(x) > t\}$ 都是可测集;

(3) 对任意的 $t \in D$, $\{x \mid x \in E, f(x) \leqslant t\}$ 都是可测集;

(4) 对任意的 $t \in D$, $\{x \mid x \in E, f(x) < t\}$ 都是可测集;

(5) 对任意的 $t \in D$, $\{x \mid x \in E, f(x) \geqslant t\}$ 都是可测集.

证明　显然, 只要证明 (1) 与 (2) 等价即可, 其余部分的证明类似.

(1) ⇒ (2) 是显然的. 下面证明 (2) ⇒ (1).

设对任意的 $t \in D$, $\{x \mid x \in E, f(x) > t\}$ 都是可测集. 因为 D 在 $\mathbb{R}$ 中稠密, 故对任意的实数 u, 存在严格单调递减趋于 u 的 D 中的数列 $\{t_k\}$. 容易验证

$$\{x \mid x \in E,\ f(x) > u\} = \bigcup_{k=1}^{\infty} \{x \mid x \in E,\ f(x) > t_k\},$$

而等号右边是可列个可测集的并集, 故仍为可测集. □

这样, 我们就可以根据实际情况采用不同的方法来判断一个函数是否为可测函数了.

对于可测函数, 还有以下结果:

定理 3.1.3 如果 f 是可测集 E 上的可测函数, 则

(1) 对任意的实数 t, $\{x \mid x \in E,\ f(x) = t\}$ 必可测;

(2) $\{x \mid x \in E,\ f(x) = +\infty\}$ 必可测;

(3) $\{x \mid x \in E,\ f(x) = -\infty\}$ 必可测.

证明　设 f 是可测集 E 上的可测函数, 则对任意的实数 t,

(1)

$$\{x \mid x \in E,\ f(x) = t\} = \{x \mid x \in E,\ f(x) \geqslant t\} \setminus \{x \mid x \in E,\ f(x) > t\}$$

是两个可测集的差集, 故为可测集.

(2)

$$\{x \mid x \in E,\ f(x) = +\infty\} = \bigcap_{k=1}^{\infty} \{x \mid x \in E,\ f(x) \geqslant k\}$$

是可列个可测集的交集, 故为可测集.

(3)

$$\{x \mid x \in E,\ f(x) = -\infty\} = \bigcap_{k=1}^{\infty} \{x \mid x \in E,\ f(x) \leqslant -k\}$$

是可列个可测集的交集, 故为可测集. □

注 3.1.1 上述三个结论的逆命题均不真, 如例 3.1.1.

例 3.1.1 设 $A \subset (0,1)$ 是不可测集. 定义函数

$$f(x) = \begin{cases} x, & x \in A; \\ -x, & x \in [0,1] \setminus A. \end{cases}$$

则对任意的实数 t, $\{x \mid f(x) = t\}$ 为空集或者单点集, 故为可测集. 但是 $\{x \mid f(x) > 0\} = A$ 是不可测集.

另外几种情形的例子请读者自己给出.

例 3.1.2 Dirichlet 函数是 $\mathbb{R}$ 上的可测函数. 事实上,

$$D(x) = \begin{cases} 1, & x \in \mathbb{Q}; \\ 0, & x \in \mathbb{R} \setminus \mathbb{Q}. \end{cases}$$

当 $t \geqslant 1$ 时, $\{x \mid x \in \mathbb{R},\ D(x) > t\} = \varnothing$ 可测;

当 $0 \leqslant t < 1$ 时, $\{x \mid x \in \mathbb{R},\ D(x) > t\} = \mathbb{Q}$ 可测;

当 $t < 0$ 时, $\{x \mid x \in \mathbb{R},\ D(x) > t\} = \mathbb{R}$ 可测.

例 3.1.3 定义函数

$$g(x) = \begin{cases} x+1, & x \in [-2,0); \\ x^2, & x \in [0,2]. \end{cases}$$

则函数 g 是 $[-2,2]$ 上的可测函数.

事实上,

当 $t \geqslant 4$ 时, $\{x \mid x \in [-2,2],\ g(x) > t\} = \varnothing$ 可测;

当 $1 \leqslant t < 4$ 时, $\{x \mid x \in [-2,2],\ g(x) > t\} = (\sqrt{t}, 2]$ 可测;

当 $0 \leqslant t < 1$ 时, $\{x \mid x \in [-2,2],\ g(x) > t\} = (t-1, 0] \bigcup (\sqrt{t}, 2]$ 可测;

当 $-1 \leqslant t < 0$ 时, $\{x \mid x \in [-2,2],\ g(x) > t\} = (t-1, 2]$ 可测;

当 $t < -1$ 时, $\{x \mid x \in [-2,2],\ g(x) > t\} = [-2,2]$ 可测.

2. 可测函数的基本性质

定理 3.1.4　如果 f 与 g 都是可测集 E 上的可测函数, 则有

(1) $f+g$ 是 E 上的可测函数;

(2) 对任意的实数 a, af 是 E 上的可测函数;

(3) $f\cdot g$ 是 E 上的可测函数;

(4) 如果对任意的 $x\in E, g(x)\neq 0$, 则 f/g 是 E 上的可测函数.

证明　(1) 对任意的实数 t,

$$\begin{aligned}&\{x\mid x\in E,\ f(x)+g(x)>t\}\\=&\{x\mid x\in E,\ f(x)>t-g(x)\}\\=&\bigcup_{r\in\mathbb{Q}}(\{x\mid x\in E,\ f(x)>r\}\bigcap\{x\mid x\in E,\ g(x)>t-r\})\end{aligned}$$

是可列个可测子集的并集, 故仍为可测集, 从而知 $f+g$ 是 E 上的可测函数.

(2) 当 $a=0$ 时, $af(x)\equiv 0$, 故 af 为可测函数, 下面设 $a\neq 0$.

设 t 为任意的实数, 则

当 $a>0$ 时, $\{x\mid x\in E,\ af(x)>t\}=\{x\mid x\in E,\ f(x)>t/a\}$ 可测.

当 $a<0$ 时, $\{x\mid x\in E,\ af(x)>t\}=\{x\mid x\in E,\ f(x)<t/a\}$ 可测.

综合以上讨论可知 af 为可测函数.

(3) 先证明如果 f 在 E 上可测, 则 f^2 也在 E 上可测.

事实上, 对任意的实数 t,

当 $t<0$ 时, $\{x\mid x\in E,\ f^2(x)>t\}=E$ 可测;

当 $t\geqslant 0$ 时, $\{x\mid x\in E,\ f^2(x)>t\}=\{x\mid x\in E,\ f(x)>\sqrt{t}\}\bigcup\{x\mid x\in E,\ f(x)<-\sqrt{t}\}$ 可测, 故知 f^2 可测.

因此, 当 f 与 g 都在 E 上可测时, $f^2,g^2,f+g,(f+g)^2$ 都在 E 上可测, 由 $f\cdot g=\dfrac{1}{2}\{(f+g)^2-f^2-g^2\}$ 知 $f\cdot g$ 亦必是 E 上的可测函数.

(4) 首先证明, 当 g 在 E 上可测且对任意的 $x\in E, g(x)\neq 0$ 时, $1/g$ 也是 E 上的可测函数, 然后利用 (3) 即知 f/g 是 E 上的可测函数.

事实上, 对任意的实数 t,

当 $t\geqslant 0$ 时, $\left\{x\mid x\in E,\ \dfrac{1}{g(x)}>t\right\}=\{x\mid x\in E,\ g(x)>0\}\bigcap\left\{x\mid x\in E,\ g(x)<\dfrac{1}{t}\right\}$ 可测.

当 $t<0$ 时, $\left\{x\mid x\in E,\ \dfrac{1}{g(x)}>t\right\}=\{x\mid x\in E,\ g(x)>0\}\bigcup\left\{x\mid x\in E,\ g(x)<\dfrac{1}{t}\right\}$ 可测.

故 $1/g$ 是 E 上的可测函数.　□

定理 3.1.5 (1) 若 f 在 E 上可测, A 是 E 的可测子集, 则 f 作为定义在 A 上的函数也是可测的;

(2) 若 f 是定义在 $E_1\bigcup E_2$ 上的广义实值函数, 且 f 在 E_1 以及 E_2 上都可测, 则 f 在 $E_1\bigcup E_2$ 上也是可测的.

证明 (1) 因为对任意的实数 t,

$$\{x \mid x\in A,\ f(x)>t\}=A\bigcap\{x \mid x\in E, f(x)>t\}$$

是可测集, 故 f 作为定义在 A 上的函数也是可测的.

(2) 因为 f 在 $E_1\bigcup E_2$ 上定义, 并且 f 作为定义在 E_1 以及 E_2 上的函数都是可测的. 故对任意的实数 t,

$$\{x \mid x\in E_1\bigcup E_2,\ f(x)>t\}=\{x \mid x\in E_1,\ f(x)>t\}\bigcup\{x \mid x\in E_2,\ f(x)>t\}$$

是两个可测集的并集, 故仍是可测集, 从而知 f 在 $E_1\bigcup E_2$ 上也是可测的. □

设 f 是定义在点集 E 上的广义实值函数, 定义

$$f^+(x)=\max\{f(x),0\},\quad f^-(x)=\max\{-f(x),0\},\quad x\in E,$$

分别称为 f 的正部与负部.

显然, 对任意的 $x\in E$,

$$f(x)=f^+(x)-f^-(x),\quad |f(x)|=f^+(x)+f^-(x).$$

因而立即可得

定理 3.1.6 若 f 是可测集 E 上的广义实值函数, 则

(1) f 在 E 上可测当且仅当 f^+ 以及 f^- 都在 E 上可测;

(2) f 在 E 上可测时, $|f|$ 也在 E 上可测.

定理之 (2) 的逆命题不真, 考察例 3.1.1 即可得知.

定理 3.1.7 若 $\{f_k\}$ 是 E 上的可测函数列, 则下列函数都在 E 上可测:

(1) $\sup\limits_{k\geqslant 1}\{f_k(x)\},\ x\in E$; (2) $\inf\limits_{k\geqslant 1}\{f_k(x)\},\ x\in E$;

(3) $\overline{\lim\limits_{k\to\infty}} f_k(x),\ x\in E$; (4) $\underline{\lim\limits_{k\to\infty}} f_k(x),\ x\in E$.

证明 (1) 因为对任意的实数 t,

$$\left\{x \,\middle|\, x\in E, \sup_{k\geqslant 1}\{f_k(x)\}>t\right\}=\bigcup_{k=1}^{\infty}\{x \mid x\in E, f_k(x)>t\}$$

为可列个可测集的并集, 故仍可测, 所以 $\sup\limits_{k\geqslant 1}\{f_k(x)\}$ 是 E 上的可测函数.

(2) 因为

$$\inf_{k\geqslant 1}\{f_k(x)\}=-\sup_{k\geqslant 1}\{-f_k(x)\},$$

故可知 $\inf\limits_{k\geqslant 1}\{f_k(x)\}$ 在 E 上可测.

(3) 只需注意到对任意的 $x\in E$, $\varlimsup\limits_{k\to\infty} f_k(x)=\inf\limits_{i\geqslant 1}\sup\limits_{k\geqslant i} f_k(x)$ 即可.

(4) 由 $\varliminf\limits_{k\to\infty} f_k(x)=-\varlimsup\limits_{k\to\infty}(-f_k(x))$ 即知结论正确. □

3. 可测函数与简单函数的关系

首先引入 “几乎处处” 这个概念.

几乎处处成立的命题　如果一个点集 E 上的命题 $P(x)$ 具有如下特性：它使得点集

$$\{x\mid x\in E, P(x)\text{不真}\}$$

是零测度集, 就称命题 $P(x)$ 在 E 上几乎处处为真, 简称为 a.e. 为真.

这样, 就可以定义在点集 E 上几乎处处相等的函数(称这样的两个函数对等)、几乎处处有限的函数、几乎处处收敛的函数列等.

如果一个函数的值域是有限集, 就称这个函数是简单函数. 比如 Dirichlet 函数就是简单函数.

一般地, 如果 $f(x)$ 是 E 上的简单函数, 且有 $\{f(x)\mid x\in E\}=\{c_1,\cdots,c_p\}$, 则

$$f(x)=\sum_{i=1}^{p}c_i\chi_{E_i}(x),\quad x\in E,$$

其中 $E=\bigcup\limits_{i=1}^{p}E_i$, $E_i\bigcap E_j=\varnothing$, $i\neq j$, $i,j=1,\cdots,p$.

简单函数不一定是可测函数, 如下例

例 3.1.4　设 $A\subset(0,1)$ 是不可测集. 定义函数

$$f(x)=\begin{cases}1, & x\in A;\\ -1, & x\in[0,1]\setminus A.\end{cases}$$

则它是简单函数, 但不是可测函数.

区间 $[a,b]$ 上的只有有限个间断点的简单函数称为阶梯函数.

容易证明, 区间 $[a,b]$ 上的阶梯函数必是可测函数.

定理 3.1.8　两个对等的函数具有相同的可测性.

证明　设 f, g 是可测集 E 上的两个对等的可测函数, 记

$$A=\{x\mid x\in E,\ f(x)=g(x)\},\quad B=E\setminus A,$$

则 $mB = 0$.

对任意的实数 t, 有

$$\{x \mid x \in E, f(x) > t\} = \{x \mid x \in A, f(x) > t\} \bigcup \{x \mid x \in B, f(x) > t\}$$
$$= \{x \mid x \in A, g(x) > t\} \bigcup \{x \mid x \in B, f(x) > t\},$$

故若 f 可测, 则

$$\{x \mid x \in A, f(x) > t\} = \{x \mid x \in E, f(x) > t\} \setminus \{x \mid x \in B, f(x) > t\}$$

可测, 即

$$\{x \mid x \in A, g(x) > t\} = \{x \mid x \in E, f(x) > t\} \setminus \{x \mid x \in B, g(x) > t\}$$

可测, 从而知 $\{x \mid x \in E, g(x) > t\}$ 可测, 即 g 在 E 上可测. □

由于可测函数关于四则运算与极限运算封闭, 而连续函数类对极限运算并不封闭 (除非是一致连续). 因此, 在运算方面可测函数类比连续函数类应用起来更灵活.

定理 3.1.9 (1) 如果非负函数 f 在 E 上可测, 则必存在 E 上的递升的可测简单函数列 $\{f_k\}$ 在 E 上收敛于 f.

(2) 如果 f 在 E 上可测, 则必存在 E 上的可测简单函数列 $\{f_k\}$, 满足条件 $|f_k(x)| \leqslant |f(x)|$, 且在 E 上收敛于 f.

如果函数 f 在 E 上有界, 则上述收敛必是一致收敛的.

证明 (1) 设 f 在 E 上非负可测, 对任意的正整数 k 及 $i = 0, 1, 2, \cdots, k2^k - 1$, 令

$$E(k, i) = \left\{x \mid x \in E, \frac{i}{2^k} \leqslant f(x) < \frac{i+1}{2^k}\right\},$$
$$E(k, k2^k) = \{x \mid x \in E, f(x) \geqslant k\},$$

则诸 $E(k,i)$ 互不相交、可测, 且 $E = \bigcup\limits_{i=0}^{k2^k} E(k,i)$.

定义

$$f_k(x) = \sum_{i=0}^{k2^k} \frac{i}{2^k} \chi_{E(k,i)}(x), \quad x \in E,$$

则对任意的 $x \in E$, $f_k(x) \leqslant f_{k+1}(x)$ $(k = 1, 2, \cdots)$.

对于 $x_0 \in E$, 如果 $f(x_0) = +\infty$, 则对任意的正整数 k, $x_0 \in E(k, k2^k)$. 故

$$f_k(x_0) = \frac{k2^k}{2^k} = k \to +\infty = f(x_0), \quad k \to \infty.$$

若 $f(x_0) \neq +\infty$, 则可取正整数 $k_0 > f(x_0)$, 从而当 $k \geqslant k_0$ 时, 存在自然数 $i < k2^k$, 使 $x_0 \in E(k,i)$, 从而

$$|f(x_0) - f_k(x_0)| = f(x_0) - \frac{i}{2^k} < \frac{i+1}{2^k} - \frac{i}{2^k} = \frac{1}{2^k},$$

故 $f_k(x_0) \to f(x_0)$ $(k \to \infty)$. 故结论 (1) 成立.

(2) 设 f 在 E 上可测, 则 f^+ 与 f^- 都在 E 上非负可测, 从而存在递升简单函数列 $\{f_k^{(1)}\}$ 与递升简单函数列 $\{f_k^{(2)}\}$ 在 E 上分别收敛于 f^+ 与 f^-.

记 $f_k = f_k^{(1)} - f_k^{(2)}$, 则 $\{f_k\}$ 是 E 上的简单可测函数列, 它收敛于函数 $f^+ - f^- = f$, 且

$$|f_k(x)| \leqslant \max\{f_k^{(1)}(x), f_k^{(2)}(x)\} \leqslant f^+(x) + f^-(x) = |f(x)|.$$

最后, 如果存在正数 $M > 0$, 使对任意的 $x \in E$, $|f(x)| \leqslant M$, 则由于当 $k > M$ 时,

$$|f^+(x) - f_k^{(1)}(x)| < 1/2^k, \quad |f^-(x) - f_k^{(2)}(x)| < 1/2^k,$$

从而

$$|f(x) - f_k(x)| \leqslant |f^+(x) - f_k^{(1)}(x)| + |f^-(x) - f_k^{(2)}(x)| < 2/2^k,$$

由此可推知 $\{f_k\}$ 在 E 上一致收敛于 f. □

习　题　3.1

1. 设 f 是可测集 E 上的函数. 若对任意有理数 r , 点集 $\{x \mid x \in E, f(x) > r\}$ 可测. 证明: f 是 E 上的可测函数.

2. 设 $A \subset E, E$ 可测. x_A 是 E 上关于 A 的特征函数. 证明: x_A 是 E 上的可测函数当且仅当 A 是可测集合.

3. 证明: $[a,b]$ 上的连续函数必是可测函数.

4. 记 f 是可测集 E 上的广义实值函数, $\{x \mid x \in E, f(x) > 0\}$ 可测且 f^2 在 E 上可测. 证明: f 在 E 上可测.

5. 证明: 下面的函数 f 是可测函数:

$$f(x) = \begin{cases} x^2+1, & x \in [0,2] \bigcap \mathbb{Q}; \\ -x, & x \in [0,2] \setminus \mathbb{Q}. \end{cases}$$

3.2　可测函数列的收敛性

本节考察函数列的几种收敛性之间的关系.

定义 3.2.1 (1) 设 f, f_k $(k=1,2,\cdots)$ 都是定义在点集 E 上的广义实值函数. 若存在 E 中的零测度集 A, 使得对任意的 $x \in E \setminus A$, 都有 $\lim\limits_{k\to\infty} f_k(x) = f(x)$, 则称函数列 $\{f_k\}$ 在 E 上几乎处处收敛于 f, 简记为 $f_k(x) \to f(x)$ $(k \to \infty)$ a.e. 于 E.

(2) 设 f, f_k $(k=1,2,\cdots)$ 都是 E 上几乎处处有限的可测函数. 若对任给的 $\delta > 0$, 存在 $E_\delta \subset E$, $m(E_\delta) < \delta$, 使得 $\{f_k\}$ 在 $E \setminus E_\delta$ 上一致收敛于 f, 则称函数列 $\{f_k\}$ 在 E 上近一致收敛于 f (或基本上一致收敛于 f).

(3) 设 f, f_k $(k=1,2,\cdots)$ 都是 E 上几乎处处有限的可测函数, 如果对任给的 $\sigma > 0$, 都有

$$\lim_{k\to\infty} m(\{x \mid x \in E, |f_k(x) - f(x)| \geqslant \sigma\}) = 0,$$

则称函数列 $\{f_k\}$ 在 E 上依测度收敛于 f, 记为 $f_k \Rightarrow f$.

(4) 若对任给的 $\sigma > 0$ 及任给的 $\varepsilon > 0$, 存在 $k_0 \in \mathbb{N}_+$, 使得当 $k, j \geqslant k_0$ 时, 有

$$m(\{x \mid x \in E, |f_k(x) - f_j(x)| \geqslant \sigma\}) < \varepsilon,$$

则称函数列 $\{f_k\}$ 为 E 上的依测度 Cauchy 列 (或依测度基本列).

换个说法, 即对任给的 $\sigma > 0$, 有

$$\lim_{k,j\to\infty} m(\{x \mid x \in E, |f_k(x) - f_j(x)| \geqslant \sigma\}) = 0.$$

先讨论几乎处处收敛与近一致收敛之间的关系.

定理 3.2.1 (Egoroff(叶果洛夫)) 设 $f, f_k(k=1,2,\cdots)$ 都是 E 上几乎处处有限的可测函数, $m(E) < \infty$, $\{f_k\}$ 在 E 上几乎处处收敛于 f, 则 $\{f_k\}$ 在 E 上近一致收敛于 f.

证明 在第 1 章讨论集列的上下极限集时证明过,

$$D = \{x \mid x \in E, f_k(x) \nrightarrow f(x)\} = \bigcup_{i=1}^{\infty} \left(\bigcap_{j=1}^{\infty} \bigcup_{k=j}^{\infty} E_k(i) \right),$$

其中,

$$E_k(i) = \left\{ x \;\middle|\; x \in E, |\ f_k(x) - f(x)| \geqslant \frac{1}{i} \right\}.$$

由于 $mD = 0$, $mE < +\infty$, 故对于任意的 $i \in \mathbb{N}_+$,

$$m\left(\bigcap_{j=1}^{\infty} \bigcup_{k=j}^{\infty} E_k(i) \right) = 0.$$

故对任给的 $\delta>0$ 以及任意的自然数 i, 存在正整数 j_i, 使得

$$m\left(\bigcup_{k=j_i}^{\infty} E_k(i)\right)<\frac{\delta}{2^i}.$$

令 $E_\delta=\bigcup\limits_{i=1}^{\infty}\bigcup\limits_{k=j_i}^{\infty} E_k(i)$, 则有

$$m(E_\delta)\leqslant\sum_{i=1}^{\infty} m\left(\bigcup_{k=j_i}^{\infty} E_k(i)\right)\leqslant\sum_{i=1}^{\infty}\frac{\delta}{2^i}=\delta,$$

且

$$E\setminus E_\delta=\bigcap_{i=1}^{\infty}\bigcap_{k=j_i}^{\infty}\left\{x\,\middle|\, x\in E,\ |f_k(x)-f(x)|<\frac{1}{i}\right\}.$$

下面证明 $\{f_k\}$ 在 $E\setminus E_\delta$ 上是一致收敛于 f 的.

事实上, 对于任给 $\varepsilon>0$, 存在自然数 i, 使得 $1/i<\varepsilon$, 从而对一切 $x\in E\setminus E_\delta$, 当 $k\geqslant j_i$ 时, 有

$$|f_k(x)-f(x)|<\frac{1}{i}<\varepsilon.$$

这就证明了 $\{f_k\}$ 在 $E\setminus E_\delta$ 上一致收敛于 f. □

注意, 定理中的条件 "$mE<+\infty$" 不能去掉, 请看下面的例子.

例 3.2.1 记 $f(x)=1,\ x\in[0,+\infty)$, 且对任意正整数 k, 定义

$$f_k(x)=\begin{cases}1, & x\in[0,k];\\ 0, & x\in(k,+\infty).\end{cases}$$

则函数列 $\{f_k\}$ 在 $[0,+\infty)$ 上处处收敛于函数 f, 但不近一致收敛.

下面考察函数列依测度收敛的性质.

首先, 依测度收敛的函数列的极限函数在对等的意义下是唯一的.

定理 3.2.2 若几乎处处有限的函数列 $\{f_k\}$ 在 E 上同时依测度收敛于 f 与 g, 则 f 与 g 在 E 上对等.

证明 因为不等式

$$|f(x)-g(x)|\leqslant|f(x)-f_k(x)|+|g(x)-f_k(x)|$$

在 E 上几乎处处成立, 所以, 对任意的 $\sigma>0$, 有

$$\begin{aligned}&\left\{x\,\middle|\, x\in E,|f(x)-g(x)|\geqslant\sigma\right\}\\ \subset&\left\{x\,\middle|\, x\in E,|f(x)-f_k(x)|\geqslant\frac{\sigma}{2}\right\}\bigcup\left\{x\,\middle|\, x\in E,|g(x)-f_k(x)|\geqslant\frac{\sigma}{2}\right\}.\end{aligned}$$

但是, 当 $k\to\infty$ 时, 上式右端两个点集的测度都趋于零, 从而得

$$m\Big(\Big\{x\ \Big|\ x\in E,\ |f(x)-g(x)|\geqslant\sigma\Big\}\Big)=0.$$

由 $\sigma>0$ 的任意性以及

$$\{x\mid x\in E, f(x)\neq g(x)\}=\bigcup_{k=1}^{\infty}\left\{x\ \middle|\ x\in E,|f(x)-g(x)|\geqslant\frac{1}{k}\right\},$$

可知在 E 上 $f(x)=g(x)$ 几乎处处成立. □

依测度收敛的函数列的极限函数保持线性性质不变, 即

定理 3.2.3 若 $\{f_k\}$, $\{g_k\}$ 在 E 上分别依测度收敛于可测函数 f, g, 则在 E 上 $\{f_k+g_k\}$ 依测度收敛于函数 $f+g$; 对任意的实数 a, $\{af_k\}$ 依测度收敛于函数 af.

证明留做练习.

对依测度 Cauchy 列的收敛问题, 有下列重要结果:

定理 3.2.4 设 $\{f_k\}$ 是在 E 上的依测度 Cauchy 列, 如果 $\{f_k\}$ 有一个子列 $\{f_{k_i}\}$ 依测度收敛于函数 f, 则 $\{f_k\}$ 也依测度收敛于函数 f. 反之亦然.

证明留做练习.

定理 3.2.5 若 $\{f_k\}$ 是 E 上的依测度 Cauchy 列, 则存在 E 上几乎处处有限的可测函数 f, 使 $\{f_k\}$ 在 E 上依测度收敛于 f.

证明 对每个自然数 i, 可取 k_i, 使得当 $l,j\geqslant k_i$ 时, 有

$$m\left(\left\{x\ \middle|\ x\in E,\ |f_l(x)-f_j(x)|\geqslant\frac{1}{2^i}\right\}\right)<\frac{1}{2^i}.$$

假定 $k_i<k_{i+1}(i=1,2,\cdots)$, 记

$$E_i=\left\{x\ \middle|\ x\in E,\ |f_{k_{i+1}}(x)-f_{k_i}(x)|\geqslant\frac{1}{2^i}\right\},$$

则 $mE_i<2^{-i}, i=1,2,\cdots$.

现在研究 $\{E_i\}$ 的上限集 $S=\bigcap\limits_{j=1}^{\infty}\bigcup\limits_{i=j}^{\infty}E_i$.

易知 $mS=0$. 对于 $x\in E$, 若 $x\notin S$, 则存在 j, 使得 $x\in E\setminus\bigcup\limits_{i=j}^{\infty}E_i$. 从而当 $i\geqslant j$ 时, 有 $|f_{k_{i+1}}(x)-f_{k_i}(x)|<2^{-i}$. 由此可知当 $l\geqslant j$ 时, 有

$$\sum_{i=l}^{\infty}|f_{k_{i+1}}(x)-f_{k_i}(x)|\leqslant\frac{1}{2^{l-1}}.$$

这说明级数

$$f_{k_1}(x)+\sum_{i=1}^{\infty}[f_{k_{i+1}}(x)-f_{k_i}(x)]$$

在 $E\setminus S$ 上是绝对收敛的, 因此 $\{f_{k_i}\}$ 在 E 上是几乎处处收敛的, 设其极限函数为 f, 则 f 是 E 上几乎处处有限的可测函数.

此外, 易知 $\{f_{k_i}\}$ 在 $E\setminus\bigcup\limits_{i=j}^{\infty}E_i$ 上是一致收敛于 f 的. 由于

$$m\left(\bigcup_{i=j}^{\infty}E_i\right)<\frac{1}{2^{j-1}},$$

故可推知 $\{f_{k_i}\}$ 在 E 上依测度收敛于 f. 再由定理 3.2.4 知 $\{f_k\}$ 在 E 上依测度收敛于 f. □

下面讨论依测度收敛与几乎处处收敛之间的关系.

定理 3.2.6 (Lebesgue 定理)　*设 $\{f_k\}$ 是 E 上几乎处处有限的可测函数列, $m(E)<\infty$. 若 $\{f_k\}$ 几乎处处收敛于 E 上几乎处处有限的函数 f, 则 $\{f_k\}$ 在 E 上依测度收敛于 f.*

证明　由所给的条件以及叶果洛夫定理可知, 对任意的 $\delta>0$, 存在可测子集 $E_\delta\subset E$, $m(E_\delta)<\delta$, 在 $E\setminus E_\delta$ 上 $\{f_k\}$ 一致收敛于 f.

于是, 对任意的 $\sigma>0$, 存在自然数 k_0, 使得当 $k\geqslant k_0$ 时, 对所有的 $x\in E\setminus E_\delta$, 有

$$|f_k(x)-f(x)|<\sigma.$$

这说明当 $k\geqslant k_0$ 时,

$$\left\{x\ \middle|\ x\in E,|f_k(x)-f(x)|\geqslant\sigma\right\}\subset E_\delta,$$

从而知

$$m\Big(\{x\mid x\in E,|f_k(x)-f(x)|\geqslant\sigma\}\Big)\leqslant m(E_\delta)<\delta,$$

即 $\{f_k\}$ 在 E 上依测度收敛于 f. □

注 3.2.1　定理中的条件 $mE<+\infty$ 不能去掉, 请研究前面的例 3.2.1.

注 3.2.2　这个定理的逆命题不成立, 请看下面的例子.

例 3.2.2　对给定的自然数 k, 我们总可以找到唯一的自然数 j 与 i, 使得

$$k=2^j+i,\quad 0\leqslant i<2^j.$$

令

$$f_k(x)=\chi_{\left[\frac{i}{2^j},\frac{i+1}{2^j}\right]}(x),\quad x\in[0,1],$$

则函数列 $\{f_k\}$ 在 $[0,1]$ 上依测度收敛于函数 $f(x)\equiv 0$, 但是 $\{f_k\}$ 在 $[0,1]$ 中的任一点处都不收敛.

事实上, 若 $x_0\in[0,1]$, 则对任意的正整数 j, 必存在 i_0, 使得 $x_0\in\left[\dfrac{i_0}{2^j},\dfrac{i_0+1}{2^j}\right]$. 因而由函数列 $\{f_k\}$ 的构造知数列 $\{f_k(x_0)\}$ 有无限多项取 0, 也有无限多项取 1, 故不收敛. 由 $x_0\in[0,1]$ 的任意性知函数列 $\{f_k\}$ 在 $[0,1]$ 上处处不收敛.

但是我们有下面著名的 Riesz 定理:

定理 3.2.7 (Riesz) 设 $mE<+\infty$, 若函数列 $\{f_k\}$ 在 E 上依测度收敛于 f, 则必存在子列 $\{f_{k_i}\}$, $\{f_{k_i}\}$ 在 E 上几乎处处收敛于 f.

证明 因为 $\{f_k\}$ 在 E 上依测度收敛于 f, 所以对任意的正整数 i, 存在 $k_i\in\mathbb{N}_+$, 使得

$$m\left(\left\{x\;\middle|\;x\in E,\ |f_{k_i}(x)-f(x)|\geqslant\frac{1}{2^i}\right\}\right)<\frac{1}{2^i}.$$

不妨设 $k_1<k_2<\cdots$. 记

$$F_j=\bigcap_{i=j}^{\infty}\left\{x\;\middle|\;x\in E,\ |f_{k_i}(x)-f(x)|<\frac{1}{2^i}\right\},\quad j=1,2,\cdots,$$

则在 F_j 上, $\{f_{k_i}\}$ 一致收敛于 f.

记 $F=\bigcup\limits_{j=1}^{\infty}F_j$, 则 $\{f_{k_i}\}$ 在 F 上处处收敛于 f. 下面只要证明 $m(E\setminus F)=0$ 即可.

注意到

$$E\setminus F=E\setminus\bigcup_{j=1}^{\infty}F_j=\bigcap_{j=1}^{\infty}(E\setminus F_j),$$

故

$$\begin{aligned}m(E\setminus F)&\leqslant m(E\setminus F_j)=m\left(E\bigcap F_j^C\right)\\&\leqslant m\left(\bigcup_{i=j}^{\infty}\left\{x\;\middle|\;x\in E,\ |f_{k_i}(x)-f(x)|\geqslant\frac{1}{2^i}\right\}\right)\\&\leqslant\sum_{i=j}^{\infty}\frac{1}{2^i}=\frac{1}{2^{j-1}}.\end{aligned}$$

由此可推知 $m(E\setminus F)=0$. □

Riesz 定理还可以推广为如下定理.

定理 3.2.8 (Riesz) 设 $mE<+\infty$, 则 $\{f_k\}$ 在 E 上依测度收敛于 f 的充分必要条件是: 对 $\{f_k\}$ 的任何子列 $\{f_{k_i}\}$, 都存在着在 E 上几乎处处收敛的子列.

证明 **必要性** 由 $\{f_k\}$ 在 E 上依测度收敛于 f 知, $\{f_k\}$ 的任何子列 $\{f_{k_i}\}$ 都在 E 上依测度收敛于 f, 故由 Riesz 定理 3.2.7 知, 存在 $\{f_{k_i}\}$ 的子列在 E 上几乎处处收敛于 f.

充分性 用反证法证明, 假定 $\{f_k\}$ 在 E 上不是依测度收敛于 f, 则存在 $\varepsilon_0 > 0, \sigma_0 > 0$ 以及 $\{k_i\}$, 使得

$$m\left(\left\{x \in E \,\middle|\, |f_{k_i}(x) - f(x)| > \varepsilon_0\right\}\right) \geqslant \sigma_0, \quad i = 1, 2, \cdots. \tag{3.2.1}$$

但依题设知存在 $\{f_{k_i}\}$ 的子列 $\{f_{k_{i_j}}\}$, 使得

$$\lim_{j \to \infty} f_{k_{i_j}}(x) = f(x), \quad \text{a.e.} \quad x \in E.$$

由此又知 $\{f_{k_{i_j}}\}$ 在 E 上依测度收敛于 f , 而这与 (3.2.1) 式矛盾. □

下面把前面讨论过的函数列的几种收敛做一个简短的总结.

对于可测函数而言, 一致收敛、处处收敛、几乎处处收敛、依测度收敛之间关系可总结如下:

(1) 若 $\{f_k\}$ 一致收敛于 f, 则 $\{f_k\}$ 处处收敛于 f, 反之不然;

(2) 若 $\{f_k\}$ 处处收敛于 f, 则 $\{f_k\}$ 几乎处处收敛于 f, 反之不然;

(3) 若 $\{f_k\}$ 几乎处处收敛于 f, 则 $\{f_k\}$ 依测度收敛于 f, 反之不然;

(4) 在有限测度集上, 函数列的几乎处处收敛与近一致收敛等价;

(5) 在有限测度集上, 依测度收敛的函数列必有子列几乎处处收敛.

习 题 3.2

1. 若 $\{f_k\}$ 是 E 上的依测度 Cauchy 列, 如果它有子列依测度收敛, 则 $\{f_k\}$ 也依测度收敛, 且收敛于同一极限.

2. 设 $\{f_k\}$ 在可测集 E 上依测度收敛于 f, 并且 $f_k \leqslant f_{k+1}(k = 1, 2, \cdots)$ 几乎处处成立, 则在 E 上 $\{f_k\}$ 几乎处处收敛于 f.

3. 设 $\{f_k\}$ 是 $[a, b]$ 上几乎处处有限的可测函数, 且有

$$\lim_{k \to \infty} f_k(x) = f(x) \quad \text{a.e.} \quad x \in [a, b].$$

证明: 存在 $E_n \subset [a, b](n = 1, 2, \cdots)$ 使得

$$m\left([a, b] \setminus \bigcup_{n=1}^{\infty} E_n\right) = 0,$$

且在每个 E_n 上 $\{f_k\}$ 一致收敛于 f.

4. 证明: 如果 $\{f_k\}$ 在 E 上依测度收敛于 f, $\{g_k\}$ 在 E 上依测度收敛于 g, 则 $\{f_k + g_k\}$ 在 E 上依测度收敛于 $f+g$, 对任意的实数 α, $\{\alpha f_k\}$ 在 E 上依测度收敛于 αf, $\{|f_k|\}$ 在 E 上依测度收敛于 $|f|$.

5. 设 $f, f_k(k=1,2,\cdots)$ 均在 E 上几乎处处有限、可测, 且对任意的 $\delta>0$, 存在 E 的可测子集 E_δ, 使得 $mE_\delta<\delta$, 且 $\{f_k\}$ 在 $E\setminus E_\delta$ 上一致收敛于 f. 证明: $\{f_k\}$ 在 E 上几乎处处收敛于 f.

3.3 可测函数与连续函数的关系

定义 3.3.1 设 f 是定义在 $E\subset\mathbb{R}^n$ 上的实值函数. 称 f 在 $x_0\in E$ 上连续, 如果 $y_0=f(x_0)$ 有限, 并且对任意 $\varepsilon>0$, 存在 $\delta>0$, 当 $x\in E$, 且 $d(x,x_0)<\delta$ 时, 有 $|f(x)-f(x_0)|<\varepsilon$.

如果 f 在 E 上的每一点都连续, 则称 f 为 E 上的连续函数.

引理 3.3.1 设 $F_1,\cdots,F_k$ 是 k 个互不相交的闭集. $F=\bigcup\limits_{i=1}^{k}F_i$, 定义在 F 上的函数 $f(x)$ 有

$$f(x)=c_i,\quad x\in F_i,\ i=1,\cdots,k,\quad c_1,\cdots,c_k \text{ 为常数},$$

则 $f(x)$ 在 F 上连续.

证明 对任意 $x_0\in F$, 存在 i_0, 使 $x_0\in F_{i_0}$. 任取 $\{x_n\}\subset F, x_n\to x_0$, 则对任何 $i\neq i_0, F_i\bigcap\{x_n\}$ 必为有限集. 否则, x_0 是闭集 F_i 的聚点, 从而 $x_0\in F_i$, 这与题设 $F_i(i=1,\cdots,k)$ 两两不相交矛盾. 因此, 不妨认为 $\{x_n\}\subset F_{i_0}$. 于是

$$\lim_{n\to\infty}f(x_n)=c_{i_0}=f(x_0).$$

所以, x_0 是 $f(x)$ 的一个连续点. 由于 x_0 的任意性, 可知 $f(x)$ 于 F 上连续. □

定理 3.3.1(Lusin(卢津)) 若 f 是 $E\subset\mathbb{R}^n$ 上的几乎处处有限的可测函数, 则对任意 $\delta>0$, 存在 E 中的闭集 F, $m(E\setminus F)<\delta$, 使得 f 是 F 上的连续函数.

证明 因为 $m(\{x\mid x\in E,|f(x)|=+\infty\})=0$. 故不妨假定 f 是实值函数.

(1) 当 f 是 E 上的可测简单函数时, 设

$$f(x)=\sum_{i=1}^{p}c_i\chi_{E_i}(x),\quad x\in E,$$

其中, $E=\bigcup\limits_{i=1}^{p}E_i$, $E_i\bigcap E_j=\varnothing(i\neq j)$. 此时, 对任给的 $\delta>0$ 以及每个 E_i, 可作 E_i 中的闭集 F_i, 使得

$$m(E_i\setminus F_i)<\frac{\delta}{p},\quad i=1,2,\cdots,p.$$

因为当 $x\in F_i$ 时, $f(x)=c_i$, 所以 f 在 F_i 上连续. 而 $F_1,F_2,\cdots,F_p$ 是互不相

交的, 可知 f 在 $F=\bigcup\limits_{i=1}^{p}F_i$ 上连续.

显然, F 是闭集, 而且

$$m(E\backslash F)=\sum_{i=1}^{p}m(E_i\backslash F_i)<\sum_{i=1}^{p}\frac{\delta}{p}=\delta.$$

(2) 设 f 是 E 上的一般可测函数, 由于可作变换

$$g(x)=\frac{f(x)}{1+|f(x)|},\quad 即\ f(x)=\frac{g(x)}{1-|g(x)|},$$

故不妨假定 f 是有界函数. 根据定理 3.1.9 可知, 存在可测简单函数列 $\{f_k\}$ 在 E 上一致收敛于 f.

现在对任给的 $\delta>0$ 以及每个 f_k, 作 E 中的闭集 F_k, 使 $m(E\backslash F_k)<\dfrac{\delta}{2^k}$, f_k 在 F_k 上连续.

令 $F=\bigcap\limits_{k=1}^{\infty}F_k$, 则 $F\subset E$, 且有

$$m(E\setminus F)\leqslant\sum_{k=1}^{\infty}m(E\setminus F_k)<\delta.$$

因为函数列 $\{f_k\}$ 在 E 上一致收敛于 f, 每个 f_k 在 F 上都是连续的, 故知 f 在 F 上连续. □

这样, 结合定理 3.3.1 可知, E 上几乎处处有限的可测函数 f “基本上” 是 $\mathbb{R}^n$ 上的某个连续函数 g 在 E 上的限制, 这里的 “基本上” 的含义是: 对任意小的一个正数 δ, 都存在 $\mathbb{R}^n$ 上的某个连续函数 g, 它在 E 上与 f 的函数值不同的点组成的点集的测度小于这个正数 δ.

习　题　3.3

1. 证明卢津定理的逆. 设 f 定义在可测集 E 上, 如果对于任意的 $\delta>0$, 存在闭集 $F\subset E, m(E\setminus F)<\delta$, 使得 f 是 F 上的连续函数, 则 f 在 E 上可测.

2. 设 $E=[0,1]$, 定义函数

$$f(x)=\begin{cases}1, & x\in\left[0,\dfrac{1}{2}\right);\\[2ex] 0, & x\in\left[\dfrac{1}{2},1\right].\end{cases}$$

证明: 不存在 $[0,1]$ 上的连续函数 $g(x)$, 使得 $f(x)$ 与 $g(x)$ 在 $[0,1]$ 上对等.

第 4 章　Lebesgue 积分

本章讨论 Lebesgue 积分的概念及其性质.

定义 Lebesgue 积分有着各种不同的方法, 我们将按下面三个步骤进行：首先定义非负可测简单函数的积分, 然后定义非负可测函数的积分, 最后利用非负可测函数的积分以及关系式 $f(x) = f^+(x) - f^-(x)$ 定义一般可测函数的积分.

Lebesgue 积分的诸性质中包括线性性、单调性、可数可加性、绝对连续性、积分极限定理、Fubini 定理等.

在 (实直线上的) 有界区间上, Riemann 可积函数必是 Lebesgue 可积函数, 反之不然. 另外, f 在有界闭区间 $[a,b]$ 上 Riemann 可积当且仅当 f 在 $[a,b]$ 上几乎处处连续.

4.1　非负可测函数的 Lebesgue 积分

设 $E \in \mathscr{M}$, 若 $A_1, \cdots, A_k$ 都是 E 的互不相交的可测子集, 其并集为 E, 则称 $A_1, \cdots, A_k$ 构成 E 的一个**可测分解**, 或称 $E = \bigcup\limits_{i=1}^{k} A_i$ 是 E 的一个**可测分解**.

定义 4.1.1　设 $E \in \mathscr{M}$, f 是 E 上的非负可测简单函数,

$$f(x) = \sum_{i=1}^{p} a_i \chi_{A_i}(x).$$

其中, $A_1, \cdots, A_p$ 是 E 的一个可测分解. 定义 f 在 E 上的**L-积分**为

$$\int_E f(x)\mathrm{d}m = \sum_{i=1}^{p} a_i m A_i.$$

显然, $0 \leqslant \int_E f(x)\mathrm{d}m \leqslant +\infty$.

在上述定义中, $\int_E f(x)\mathrm{d}m$ 的值是确定的, 它不依赖于 f 的表达式的选取.

事实上, 设 $E = \bigcup\limits_{j=1}^{q} B_j$ 也是 E 的一个可测分解, 使得

$$f(x) = \sum_{j=1}^{q} b_j \chi_{B_j}(x).$$

注意到, $A_i\bigcap B_j\neq\varnothing$ 时必有 $a_i=b_j$, 故有

$$\begin{aligned}\sum_{i=1}^{p}a_i mA_i&=\sum_{i=1}^{p}a_i m(A_i\bigcap E)=\sum_{i=1}^{p}a_i m(A_i\bigcap(\bigcup_{j=1}^{q}B_j))\\&=\sum_{i=1}^{p}a_i\sum_{j=1}^{q}m(A_i\bigcap B_j)=\sum_{j=1}^{q}\sum_{i=1}^{p}a_i m(A_i\bigcap B_j)\\&=\sum_{j=1}^{q}\sum_{i=1}^{p}b_j m(A_i\bigcap B_j=)=\sum_{j=1}^{q}b_j m((\bigcup_{i=1}^{p}A_i)\bigcap B_j)\\&=\sum_{j=1}^{q}b_j mB_j.\end{aligned}$$

以上分析表明, $\int_E f(x)\mathrm{d}m$ 的值不依赖于 f 的表达式的选取.

E 上的非负可测简单函数的积分有明显的几何意义.

对于可测集 $E\subset\mathbb{R}$ 上的一个非负可测简单函数 f, 它的下方图形

$$G_f=\{(x,y)\mid x\in E,0\leqslant y\leqslant f(x)\}$$

恰好为有限个“次矩形” $A_i\times[0,a_i](i=1,\cdots,p)$ 的并, 而所定义的 f 的积分就是这些“次矩形”的“面积” $a_i\cdot mA_i(i=1,\cdots,p)$ 的和.

非负可测简单函数的积分具有下列性质.

定理 4.1.1　设 f, g 都是 E 上的非负可测简单函数, a 为非负实数, 则有

(1) $\int_E af(x)\mathrm{d}m=a\int_E f(x)\mathrm{d}m$;

(2) $\int_E(f(x)+g(x))\mathrm{d}m=\int_E f(x)\mathrm{d}m+\int_E g(x)\mathrm{d}m$;

(3) 若 $f(x)\leqslant g(x)$ a.e. 于 E, 则 $\int_E f(x)\mathrm{d}m\leqslant\int_E g(x)\mathrm{d}m$;

(4) 若 A 是 E 的可测子集, 则 $\int_A f(x)\mathrm{d}m\leqslant\int_E f(x)\mathrm{d}m$;

证明　(1) 设 f 是 E 上的非负可测简单函数,

$$f(x)=\sum_{i=1}^{k}c_i\chi_{E_i}(x),\quad x\in E.$$

其中, $E=E_1\bigcup E_2\bigcup\cdots\bigcup E_k$ 是 E 的一个可测分解, c_i 是非负实数 $(i=1,\cdots,k)$. 对于任意非负实数 a,

$$af(x)=a\sum_{i=1}^{k}c_i\chi_{E_i}(x)=\sum_{i=1}^{k}(ac_i)\chi_{E_i}(x),\quad x\in E.$$

故 af 也是 E 上的非负可测简单函数, 且

$$\int_E af(x)\mathrm{d}m = \sum_{i=1}^{k}(ac_i)mE_i = a\sum_{i=1}^{k}c_i mE_i = a\int_E f(x)\mathrm{d}m.$$

(2) 设 f 与 g 都是 E 上的非负可测简单函数, 对任意的 $x \in E$,

$$f(x) = \sum_{i=1}^{p} a_i \chi_{A_i}(x), \quad g(x) = \sum_{j=1}^{q} b_j \chi_{B_j}(x),$$

其中, $E = A_1 \bigcup \cdots \bigcup A_p$ 以及 $E = B_1 \bigcup \cdots \bigcup B_q$ 都是 E 的一个可测分解, 诸 a_i, b_j 是非负实数 $(i = 1, \cdots, p;\ j = 1, \cdots, q)$. 则对于任意的 $x \in E$, 有

$$\begin{aligned} f(x) + g(x) &= \sum_{i=1}^{p} a_i \chi_{A_i}(x) + \sum_{j=1}^{q} b_j \chi_{B_j}(x) \\ &= \sum_{i=1}^{p}\sum_{j=1}^{q} a_i \chi_{A_i \cap B_j}(x) + \sum_{j=1}^{q}\sum_{i=1}^{p} b_j \chi_{A_i \cap B_j}(x). \\ &= \sum_{i=1}^{p}\sum_{j=1}^{q}(a_i + b_j)\chi_{A_i \cap B_j}(x). \end{aligned}$$

故

$$\begin{aligned} \int_E (f(x) + g(x))\mathrm{d}m &= \sum_{i=1}^{p}\sum_{j=1}^{q}(a_i + b_j)m(A_i \bigcap B_j) \\ &= \sum_{i=1}^{p}\sum_{j=1}^{q} a_i m(A_i \bigcap B_j) + \sum_{i=1}^{p}\sum_{j=1}^{q} b_j m(A_i \bigcap B_j) \\ &= \sum_{i=1}^{p} a_i \sum_{j=1}^{q} m(A_i \bigcap B_j) + \sum_{j=1}^{q} b_j \sum_{i=1}^{p} m(B_j \bigcap A_i) \\ &= \sum_{i=1}^{p} a_i m(A_i \bigcap (\bigcup_{j=1}^{q} B_j)) + \sum_{j=1}^{q} b_j m(B_j \bigcap (\bigcup_{i=1}^{p} A_i)) \\ &= \sum_{i=1}^{p} a_i mA_i + \sum_{j=1}^{q} b_j mB_j \\ &= \int_E f(x)\mathrm{d}m + \int_E g(x)\mathrm{d}m. \end{aligned}$$

(3), (4) 留作习题.

下面定义可测集 E 上的非负可测函数的 Lebesgue 积分.

首先, 用 $S^+(E)$ 记 E 上的非负可测简单函数全体组成的集合.

定义 4.1.2　设 f 是 E 上的非负可测函数, 定义

$$\int_E f(x)\mathrm{d}m \triangleq \sup_{h(x)\leqslant f(x)} \left\{ \int_E h(x)\mathrm{d}m \mid h \in S^+(E) \right\},$$

称为 f 在 E 上的 Lebesgue 积分.

若 $\int_E f(x)\mathrm{d}m < \infty$, 则称 f 在 E 上是 Lebesgue 可积的, 称 f 是 E 上的 Lebesgue 可积函数.

定理 4.1.2 (Levi 定理)　若 $\{f_k\}$ 是可测集 E 上的递升的非负可测函数列, 在 E 上 $f(x) = \lim\limits_{k\to\infty} f_k(x)$. 则 f 在 E 上的 L-积分存在, 且

$$\int_E f(x)\mathrm{d}m = \lim_{k\to\infty} \int_E f_k(x)\mathrm{d}m.$$

证明　由于对任意的正整数 k, 有 $f_k(x) \leqslant f(x)$ 在 E 上处处成立, 且在 E 上 $f(x) = \lim\limits_{k\to\infty} f_k(x)$, 故可知 f 在 E 上的 L-积分存在, 且有

$$\lim_{k\to\infty} \int_E f_k(x)\mathrm{d}m \leqslant \int_E f(x)\mathrm{d}m. \tag{4.1.1}$$

另一方面, 设 h 是在 E 上满足条件 $h(x) \leqslant f(x)$ 的非负可测简单函数, 对任意的 $c \in (0,1)$, 记

$$E_k = \left\{ x \;\middle|\; x \in E,\ c \cdot h(x) \leqslant f_k(x) \right\},$$

则 $\{E_k\}$ 是一个收敛于 E 的递升可测集列, 从而有

$$c\int_{E_k} h(x)\mathrm{d}m = \int_{E_k} ch(x)\mathrm{d}m \leqslant \int_{E_k} f_k(x)\mathrm{d}m \leqslant \int_E f_k(x)\mathrm{d}m,$$

令 $k \to \infty$, 得

$$c\int_E h(x)\mathrm{d}m \leqslant \lim_{k\to\infty} \int_E f_k(x)\mathrm{d}m.$$

令 $c \to 1^-$, 得

$$\int_E h(x)\mathrm{d}m \leqslant \lim_{k\to\infty} \int_E f_k(x)\mathrm{d}m.$$

再由 h 的取法可推知

$$\int_E f(x)\mathrm{d}m \leqslant \lim_{k\to\infty} \int_E f_k(x)\mathrm{d}m. \tag{4.1.2}$$

综合上述讨论知, 有

$$\int_E f(x)\mathrm{d}m = \lim_{k\to\infty} \int_E f_k(x)\mathrm{d}m.$$

证毕.　□

定理 4.1.3 (线性性质) 若 f, g 都是 E 上的非负可测函数, $\alpha > 0$, 则

(1) $\int_E (f(x)+g(x))\mathrm{d}m = \int_E f(x)\mathrm{d}m + \int_E g(x)\mathrm{d}m$;

(2) $\int_E \alpha f(x)\mathrm{d}m = \alpha \int_E f(x)\mathrm{d}m$.

证明 因为 f 以及 g 都是 E 上的非负可测函数, 故存在递升的非负简单可测函数列 $\{f_k\}$, $\{g_k\}$ 使得在 E 上处处有 $f_k(x) \to f(x)$, $g_k(x) \to g(x)$, 从而有 $f_k(x)+g_k(x) \to f(x)+g(x)$. 由 Levi 引理知本定理之 (1) 成立.

(2) 的证明类似, 此不赘述. □

由此可知, 若 f, g 都是 E 上的非负可测函数, $\alpha > 0, \beta > 0$, 则

$$\int_E (\alpha f(x)+\beta g(x))\mathrm{d}m = \alpha \int_E f(x)\mathrm{d}m + \beta \int_E g(x)\mathrm{d}m.$$

定理 4.1.4 (逐项积分定理,Lebesgue) 若 $\{f_k\}$ 是 E 上的非负可测函数列, 则有

$$\int_E \sum_{k=1}^{\infty} f_k(x)\mathrm{d}m = \sum_{k=1}^{\infty} \int_E f_k(x)\mathrm{d}m.$$

证明 记 $S_k(x) = \sum_{i=1}^{k} f_i(x)$, 则 $\{S_k\}$ 是递增的非负可测函数列, 它在 E 上收敛于函数 $S(x) = \sum_{i=1}^{\infty} f_i(x)$.

由 Levi 定理可知

$$\begin{aligned}\int_E \sum_{k=1}^{\infty} f_k(x)\mathrm{d}m &= \int_E S(x)\mathrm{d}m = \lim_{k\to\infty} \int_E S_k(x)\mathrm{d}m \\ &= \lim_{k\to\infty} \sum_{i=1}^{k} \int_E f_i(x)\mathrm{d}m = \sum_{k=1}^{\infty} \int_E f_k(x)\mathrm{d}m.\end{aligned}$$

证毕. □

推论 4.1.1 设非负函数 f 在 E 上 L-可积, $\{E_k\}$ 是一个互不相交的可测集列, 其并集为 E, 则

$$\int_E f(x)\mathrm{d}m = \sum_{k=1}^{\infty} \int_{E_k} f(x)\mathrm{d}m$$

证明 记

$$f_k(x) = \begin{cases} f(x), & x \in E_k; \\ 0, & x \in E \setminus E_k; \end{cases} \quad k = 1, 2, \cdots .$$

则 $\{f_k\}$ 是 E 上非负可测函数列, $f(x)=\sum_{k=1}^{\infty}f_k(x)$. 由定理 4.1.4 知

$$\int_E f(x)\mathrm{d}m=\sum_{k=1}^{\infty}\int_E f_k(x)\mathrm{d}m=\sum_{k=1}^{\infty}\int_{E_k}f(x)\mathrm{d}m.$$

证毕. □

定理 4.1.5 (Fatou 引理)　**若 $\{f_k\}$ 是 E 上的非负可测函数列, 则**

$$\int_E \varliminf_{k\to\infty} f_k(x)\mathrm{d}m\leqslant \varliminf_{k\to\infty}\int_E f_k(x)\mathrm{d}m.$$

证明　记

$$h_k(x)=\inf_{i\geqslant k}f_i(x), x\in E,$$

则函数列 $\{h_k\}$ 是 E 上的递升的非负可测函数列, 且有 $h_k(x)\leqslant f_k(x)$. 由 Levi 定理可知

$$\begin{aligned}&\int_E \varliminf_{k\to\infty} f_k(x)\mathrm{d}m\\=&\int_E \lim_{k\to\infty} h_k(x)\mathrm{d}m\\=&\lim_{k\to\infty}\int_E h_k(x)\mathrm{d}m\\\leqslant&\varliminf_{k\to\infty}\int_E f_k(x)\mathrm{d}m.\end{aligned}$$

证毕. □

习　题　4.1

1. 设 $\{f_k\}$ 是可测集 E 上的非负递降函数列, 在 E 上几乎处处有 $\lim_{k\to\infty}f_k(x)=f(x)$, 证明:

$$\lim_{k\to\infty}\int_E f_k(x)\mathrm{d}m=\int_E f(x)\mathrm{d}m.$$

2. 证明:

$$\lim_{n\to\infty}\int_{[0,n]}\left(1+\frac{x}{n}\right)^n\mathrm{e}^{-2x}\mathrm{d}m=\int_{[0,\infty)}\mathrm{e}^{-x}\mathrm{d}m.$$

3. 若 $E_1,\cdots,E_k$ 是 $[0,1]$ 上的可测集, $[0,1]$ 中每个点至少属于这 k 个点集中的 $s(\leqslant k)$ 个. 证明: 上述 k 个点集中必有一个点集, 其测度不小于 $\frac{s}{k}$.

4. 设 $\{f_k\}$ 是可测集 E 上的非负可测函数列, 在 E 上 $f_k(x)\leqslant f(x)$, 且 $\lim_{k\to\infty}f_k(x)=f(x)$, 证明: 对 E 的任意可测子集 e, 有

$$\lim_{k\to\infty}\int_e f_k(x)\mathrm{d}m=\int_e f(x)\mathrm{d}m.$$

4.2 一般可测函数的 Lebesgue 积分

定义 4.2.1 设 f 是 E 上的可测函数, 若积分

$$\int_E f^+(x)\mathrm{d}m, \quad \int_E f^-(x)\mathrm{d}m$$

中至少有一个是有限值, 则称 f 在 E 上的 L-积分存在,

$$\int_E f(x)\mathrm{d}m = \int_E f^+(x)\mathrm{d}m - \int_E f^-(x)\mathrm{d}m$$

为 f 在 E 上的 Lebesgue 积分. 当上式右端两个积分值均有限时, 则称 f 在 E 上是 Lebesgue 可积的, 称 f 是 E 上的 Lebesgue 可积函数 (简称 L-可积函数).

将在 E 上的 L-可积函数的全体记为 $L(E)$.

定理 4.2.1 (积分的线性性质) 设 $f, g \in L(E)$, $a \in \mathbb{R}$, 则

(1) $\displaystyle\int_E af(x)\mathrm{d}m = a\int_E f(x)\mathrm{d}m$;

(2) $\displaystyle\int_E (f(x)+g(x))\mathrm{d}m = \int_E f(x)\mathrm{d}m + \int_E g(x)\mathrm{d}m$;

(3) 若 A 是 E 的可测子集, 则 $f \in L(A)$;

(4) $f \in L(E)$ 当且仅当 $|f| \in L(E)$. 此时,

$$\left|\int_E f(x)\mathrm{d}m\right| \leqslant \int_E |f(x)|\mathrm{d}m.$$

证明 (1) 由

$$f^+(x) = \frac{1}{2}(|f(x)| + f(x)) \quad \text{及 } f^-(x) = \frac{1}{2}(|f(x)| - f(x))$$

可知, 当 $a \geqslant 0$ 时,

$$(af)^+(x) = af^+(x), \quad (af)^-(x) = af^-(x),$$

从而知 af 在 E 上 L-可积, 且有

$$\begin{aligned}
\int_E af(x)\mathrm{d}m &= \int_E af^+(x)\mathrm{d}m - \int_E af^-(x)\mathrm{d}m \\
&= a\left[\int_E f^+(x)\mathrm{d}m - \int_E f^-(x)\mathrm{d}m\right] \\
&= a\int_E f(x)\mathrm{d}m.
\end{aligned}$$

而当 $a<0$ 时, $a=-|a|$, 故

$$(af)^+(x)=(-|a|f)^+(x)=|a|(-f)^+(x)=|a|f^-(x),$$

$$(af)^-(x)=(-|a|f)^-(x)=|a|(-f)^-(x)=|a|f^+(x),$$

故知 af 亦在 E 上 L-可积, 且有

$$\begin{aligned}\int_E af(x)\mathrm{d}m&=\int_E |a|f^-(x)\mathrm{d}m-\int_E |a|f^+(x)\mathrm{d}m\\&=-|a|\left[\int_E f^+(x)\mathrm{d}m-\int_E f^-(x)\mathrm{d}m\right]\\&=a\int_E f(x)\mathrm{d}m.\end{aligned}$$

综合上述讨论可知 (1) 成立.

(2) 由于

$$|f(x)+g(x)|\leqslant|f(x)|+|g(x)|,$$

故可知 $f+g\in L(E)$, 又因为

$$(f+g)^+-(f+g)^-=f+g=f^+-f^-+g^+-g^-,$$

故

$$(f+g)^++f^-+g^-=(f+g)^-+f^++g^+,$$

由非负可测函数积分的线性性质得

$$\begin{aligned}&\int_E(f+g)^+(x)\mathrm{d}m+\int_E f^-(x)\mathrm{d}m+\int_E g^-(x)\mathrm{d}m\\=&\int_E(f+g)^-(x)\mathrm{d}m+\int_E f^+(x)\mathrm{d}m+\int_E g^+(x)\mathrm{d}m,\end{aligned}$$

且此等式中各项积分都是有限的, 故移项整理即得

$$\int_E(f(x)+g(x))\mathrm{d}m=\int_E f(x)\mathrm{d}m+\int_E g(x)\mathrm{d}m.$$

(3) 显然.

(4) 由于

$$f^+(x)\leqslant|f(x)|,\quad f^-(x)\leqslant|f(x)|,$$

故若 $|f|\in L(E)$, 则 $f^+,f^-\in L(E)$. 从而由 $f=f^+-f^-$ 知 $f\in L(E)$.

另一方面, $f\in L(E)$ 时, $\int_E f^+(x)\mathrm{d}m$, $\int_E f^-(x)\mathrm{d}m$ 都有限, 故由 $|f|=f^++f^-$ 知 $\int_E|f(x)|\mathrm{d}m$ 有限, 即 $|f|\in L(E)$. □

定理 4.2.2 (积分的对定义域的可数可加性) 设 $\{E_k\}$ 是 E 的互不相交的可测子集列, 其并集为 E. 若 f 在 E 上 L-可积, 则

$$\int_E f(x)\mathrm{d}m = \sum_{k=1}^{\infty}\int_{E_k} f(x)\mathrm{d}m.$$

证明 因为 f 在 E 上 L-可积, 故 f^+, f^- 都在 E 上 L-可积, 从而

$$\int_E f^+(x)\mathrm{d}m = \sum_{k=1}^{\infty}\int_{E_k} f^+(x)\mathrm{d}m,$$

$$\int_E f^-(x)\mathrm{d}m = \sum_{k=1}^{\infty}\int_{E_k} f^-(x)\mathrm{d}m.$$

故有

$$\begin{aligned}\int_E f(x)\mathrm{d}m &= \int_E f^+(x)\mathrm{d}m - \int_E f^-(x)\mathrm{d}m\\ &= \sum_{k=1}^{\infty}\int_{E_k} f^+(x)\mathrm{d}m - \sum_{k=1}^{\infty}\int_{E_k} f^-(x)\mathrm{d}m\\ &= \sum_{k=1}^{\infty}\int_{E_k} (f^+(x) - f^-(x))\mathrm{d}m\\ &= \sum_{k=1}^{\infty}\int_{E_k} f(x)\mathrm{d}m.\end{aligned}$$

证毕. □

定理 4.2.3 (积分的绝对连续性) 若 $f \in L(E)$, 则对任给的 $\varepsilon > 0$, 存在 $\delta > 0$, 使得当 E 的可测子集 e 的测度 $m(e) < \delta$ 时, 有

$$\left|\int_e f(x)\mathrm{d}m\right| \leqslant \int_e |f(x)|\mathrm{d}m < \varepsilon.$$

证明 由于 f 在 E 上 L-可积, 故 $|f|$ 亦在 E 上 L-可积, 且

$$\left|\int_E f(x)\mathrm{d}m\right| \leqslant \int_E f^+(x)\mathrm{d}m + \int_E f^-(x)\mathrm{d}m = \int_E |f(x)|\mathrm{d}m.$$

对于 $k \in \mathbb{N}_+$, $x \in E$, 定义

$$\varphi_k(x) = \begin{cases} |f(x)|, & |f(x)| \leqslant k; \\ k, & |f(x)| > k. \end{cases}$$

则 $\{\varphi_k\}$ 是 E 上递升的非负可测函数列, $|f(x)|=\lim\limits_{k\to\infty}\varphi_k$, $x\in E$. 由 Levi 定理知

$$\int_E |f(x)|\mathrm{d}m=\lim_{k\to\infty}\int_E \varphi_k(x)\mathrm{d}m.$$

故对任意的 $\varepsilon>0$, 存在 $k_0\in\mathbb{N}_+$, 使当 $k\geqslant k_0$ 时,

$$0\leqslant\int_E |f(x)|\mathrm{d}m-\int_E \varphi_k(x)\mathrm{d}m<\frac{\varepsilon}{2}.$$

因而, 当 $A\subset E$, A 可测时, 亦必有

$$0\leqslant\int_A |f(x)|\mathrm{d}m-\int_A \varphi_{k_0}(x)\mathrm{d}m<\frac{\varepsilon}{2}.$$

取 $\delta=\dfrac{\varepsilon}{2k_0}$, 则对任意的可测子集 $e\subset E$, 当 $me<\delta$ 时, 就有

$$\begin{aligned}\left|\int_e f(x)\mathrm{d}m\right|&\leqslant\int_e |f(x)|\mathrm{d}m\\&\leqslant\int_e |f(x)|\mathrm{d}m-\int_e \varphi_{k_0}(x)\mathrm{d}m+\int_e \varphi_{k_0}(x)\mathrm{d}m\\&<\frac{\varepsilon}{2}+\int_e k_0\mathrm{d}m=\frac{\varepsilon}{2}+k_0\cdot me<\frac{\varepsilon}{2}+\frac{\varepsilon}{2}=\varepsilon.\end{aligned}$$

证毕. □

习　题　4.2

1. 举例说明若 F 在 E 上 L-可积, f 在 E 上 L-可测, 且在 E 上几乎处处成立着 $f(x)\leqslant F(x)$, 但 f 不一定 L-可积.

2. 设 f 在 E 上 L-可积,

$$E_k=\{x\mid x\in E,\ \ |f(x)|\geqslant k\},$$

证明: $\lim\limits_{k\to\infty}mE_k=0$.

3. 设 f 在 E 上非负可积, 且 $\displaystyle\int_E f(x)\mathrm{d}m=0$, 证明: f 在 E 上几乎处处为 0.

4. 设 $mE>0$, f,g 都在 E 上 L-可积, 且 $f(x)<g(x)$ 在 E 上处处成立. 证明:

$$\int_E f(x)\mathrm{d}m<\int_E g(x)\mathrm{d}m.$$

4.3 Lebesgue 控制收敛定理

定理 4.3.1 (Lebesgue 控制收敛定理 (1)) 设

(1) f, f_k $(k=1,2,\cdots)$ 都在 E 上可测;

(2) F 在 E 上 L-可积, 且在 E 上几乎处处有 $|f_k(x)| \leqslant F(x)$, $k \in \mathbb{N}_+$;

(3) $f(x) = \lim\limits_{k\to\infty} f_k(x)$ a.e. 于 E;

则函数 f_k $(k=1,2,\cdots)$ 以及 f 都在 E 上可积, 且

$$\int_E f(x)\mathrm{d}m = \lim_{k\to\infty}\int_E f_k(x)\mathrm{d}m.$$

其中, 函数 F 被称为函数列 $\{f_k\}$ 的控制函数.

证明 因为 F 在 E 上可积, 故由 $|f_k(x)| \leqslant F(x)$ a.e.于 E, 可推知诸 f_k 都在 E 上 L-可积, 又因 $f(x) = \lim\limits_{k\to\infty} f_k(x)$ a.e.于 E 知, $|f(x)| \leqslant F(x)$ a.e.于 E, 从而 f 亦在 E 上 L-可积.

记

$$\varphi_k(x) = 2F(x) - |f_k(x) - f(x)|, \quad x \in E.$$

则 $\{\varphi_k\}$ 在 E 上非负可测且 L-可积, 且

$$\lim_{k\to\infty}\varphi_k(x) = 2F(x) \ \text{ a.e.于 } E.$$

由 Fatou 引理 (定理 4.1.5) 知有

$$\begin{aligned}
2\int_E F(x)\mathrm{d}m &= \int_E \varliminf_{k\to\infty}\varphi_k(x)\mathrm{d}m \\
&\leqslant \varliminf_{k\to\infty}\int_E \left[2F(x) - |f_k(x) - f(x)|\right]\mathrm{d}m \\
&= \int_E 2F(x)\mathrm{d}m - \varlimsup_{k\to\infty}\int_E |f_k(x) - f(x)|\mathrm{d}m.
\end{aligned}$$

故

$$0 \leqslant \varlimsup_{k\to\infty}\int_E |f_k(x) - f(x)|\mathrm{d}m \leqslant 0.$$

从而由

$$\left|\int_E f_k(x)\mathrm{d}m - \int_E f(x)\mathrm{d}m\right| \leqslant \int_E |f_k(x) - f(x)|\mathrm{d}m$$

知

$$\int_E f(x)\mathrm{d}m = \lim_{k\to\infty}\int_E f_k(x)\mathrm{d}m.$$

证毕. □

定理 4.3.2 (Lebesgue 控制收敛定理 (2))　设

(1) $f, f_k\ (k=1,2,\cdots)$ 都在 E 上可测;

(2) F 在 E 上 L-可积, 且在 E 上几乎处处有 $|f_k(x)| \leqslant F(x),\ k \in \mathbb{N}_+$;

(3) $\{f_k\}$ 在 E 上依测度收敛于 f;

则函数 $f_k\ (k=1,2,\cdots)$ 以及 f 都在 E 上可积, 且

$$\int_E f(x)\mathrm{d}m = \lim_{k\to\infty}\int_E f_k(x)\mathrm{d}m.$$

证明　显然 f_k, f 都在 E 上 L-可积, $k=1,2,\cdots$.

若

$$\int_E f(x)\mathrm{d}m = \lim_{k\to\infty}\int_E f_k(x)\mathrm{d}m$$

不成立, 则应存在 $\varepsilon_0>0$ 及子列 $\{f_{k_i}\}$, 使对任意 $i\in\mathbb{N}_+$, 有

$$\left|\int_E f(x)\mathrm{d}m - \int_E f_{k_i}(x)\mathrm{d}m\right| \geqslant \varepsilon_0.$$

注意到 $\{f_{k_i}\}$ 也在 E 上依测度收敛于 f, 故由 Riesz 定理 (定理 3.2.7) 知存在一个子列 $\{f_{k_{i_j}}\}$, 使得

$$f(x) = \lim_{j\to\infty} f_{k_{i_j}}(x) \quad \text{a.e.于 } E.$$

由定理 4.3.1 知, 有

$$\int_E f(x)\mathrm{d}m = \lim_{j\to\infty}\int_E f_{k_{i_j}}(x)\mathrm{d}m. \tag{4.3.1}$$

而 $\{f_{k_{i_j}}\}$ 是 $\{f_{k_i}\}$ 的子列, 故也应有

$$\left|\int_E f(x)\mathrm{d}m - \int_E f_{k_{i_j}}\mathrm{d}m\right| \geqslant \varepsilon_0.$$

此与前面的 (4.3.1) 式矛盾. 故必有

$$\int_E f(x)\mathrm{d}m = \lim_{k\to\infty}\int_E f_k(x)\mathrm{d}m.$$

□

推论 4.3.1　设 $mE<+\infty$, 且

(1) $f, f_k\ (k=1,2,\cdots)$ 都在 E 上可测;

(2) 存在 $M>0$, 在 E 上几乎处处有 $|f_k(x)| \leqslant M,\ k\in\mathbb{N}_+$;

(3) $\{f_k\}$ 在 E 上依测度收敛于 f;

则函数 $f_k\ (k=1,2,\cdots)$ 以及 f 都在 E 上可积, 且

$$\int_E f(x)\mathrm{d}m = \lim_{k\to\infty}\int_E f_k(x)\mathrm{d}m.$$

证明 取 $F(x) = M$, $x \in E$, 则由于 $mE < +\infty$ 知 F 在 E 上可积, 由定理 4.3.2 可知此推论结果正确. □

Lebesgue 控制收敛定理是积分与极限次序的交换的一个充分条件, 是 Lebesgue 积分理论中最重要的成果之一.

Levi 定理、Lebesgue 逐项积分定理、Fatou 引理、Lebesgue 控制收敛定理都是等价的. 实际上, 我们已经用 Levi 定理证明了 Lebesgue 逐项积分定理, 用 Lebesgue 逐项积分定理证明了 Levi 定理, 用 Levi 定理证明了 Fatou 引理, 用 Fatou 引理证明了 Lebesgue 控制收敛定理 (1), 用 Lebesgue 控制收敛定理 (1) 证明了 Lebesgue 控制收敛定理 (2). 只要再用 Lebesgue 控制收敛定理 (2) 证明 Levi 定理即可. 请读者自行证明.

习 题 4.3

1. 求极限

$$\lim_{n\to\infty}(R)\int_0^1 \frac{nx^{\frac{1}{2}}}{1+n^2x^2}\sin(nx^5)\mathrm{d}m.$$

2. 设对每个 $k \in \mathbb{N}_+$, f_k 在 E 上 L-可积, 且 $\{f_k\}$ 在 E 上几乎处处收敛于 f, 且

$$\int_E |f_k(x)|\mathrm{d}m \leqslant 2$$

对任意 $k \in \mathbb{N}_+$ 成立. 证明 f 在 E 上 L-可积.

3. 设 f 在 $[0,\infty)$ 上 L-可积. 证明: 函数

$$g(x) = \int_{[0,\infty)} \frac{f(t)}{x+t}\mathrm{d}m$$

在 $(0,\infty)$ 上连续.

4. 设 f 在 E 上 L-可积, 记 $E_k = \left\{x \mid x \in E, |f(x)| < \dfrac{1}{k}\right\}$. 证明:

$$\lim_{k\to\infty}\int_{E_k}|f(x)|\mathrm{d}m = 0.$$

5. 设 $\{f_k\}$ 是 E 上的非负可测函数列, $mE < \infty$. 证明: $\{f_k\}$ 依测度收敛于零函数当且仅当

$$\lim_{k\to\infty}\int_E \frac{f_k(x)}{1+f_k(x)}\mathrm{d}m = 0.$$

4.4 Lebesgue 可积函数与 Riemann 可积函数的关系

1. Lebesgue 积分和 Riemann 积分之间的关系

定理 4.4.1 若 f 在 $[a,b]$ 上 Riemann 可积, 则 f 在 $[a,b]$ 上 L-可积, 且

$$(L)\int_{[a,b]} f(x)\mathrm{d}m = (R)\int_a^b f(x)\mathrm{d}x.$$

证明 因若 f 在 $[a,b]$ 上 Riemann 可积, 则它在 $[a,b]$ 上有界. 故只要证明 f 在 $[a,b]$ 上 L-可测即可.

事实上, 设 $\{T_k\}$ 是 $[a,b]$ 的分割序列, T_{k+1} 是 T_k 的加细分割, 细度 $\|T_k\| \to 0(k\to\infty)$. 再设

$$T_k: a = x_0^{(k)} < x_1^{(k)} < \cdots < x_i^{(k)} < x_{i+1}^{(k)} < \cdots < x_{s(k)}^{(k)} = b, \quad k = 1,2,\cdots.$$

构造函数序列如下:

$$f_k^{(1)}(x) = \inf\left\{f(x) \mid x\in (x_{i-1}^{(k)}, x_i^{(k)}]\right\}, \quad i = 1,\cdots,s(k),$$

$$f_k^{(2)}(x) = \sup\left\{f(x) \mid x\in (x_{i-1}^{(k)}, x_i^{(k)}]\right\}, \quad i = 1,\cdots,s(k).$$

则递升函数列 $\{f_k^{(1)}\}$ 与递降函数列 $\{f_k^{(2)}\}$ 都是 $[a,b]$ 上 L-可测函数列、一致有界, 故都 L-可积, 都收敛.

记

$$\underline{f}(x) = \lim_{k\to\infty} f_k^{(1)}(x), \quad \overline{f}(x) = \lim_{k\to\infty} f_k^{(2)}(x), \quad x\in[a,b],$$

则上述两函数也都可测, 进而 L-可积.

由于对任意的 $x\in[a,b]$, 有 $f_k^{(1)}(x) \leqslant f(x) \leqslant f_k^{(2)}(x)$, 故对任意的 $x\in[a,b]$, 有 $\underline{f}(x) \leqslant f(x) \leqslant \overline{f}(x)$. 从而知 $\overline{f} - \underline{f}$ 在 $[a,b]$ 上 L-可测、非负有界, 故 L-可积, 而

$$\int_{[a,b]} \overline{f}(x)\mathrm{d}m - \int_{[a,b]} \underline{f}(x)\mathrm{d}m = \int_{[a,b]} [\overline{f}(x) - \underline{f}(x)]\mathrm{d}m \geqslant 0,$$

$$\int_{[a,b]} \underline{f}(x)\mathrm{d}m \geqslant \int_{[a,b]} f_k^{(1)}(x)\mathrm{d}m \to \int_a^b f(x)\mathrm{d}x, \quad k\to\infty,$$

$$\int_{[a,b]} \overline{f}(x)\mathrm{d}m \leqslant \int_{[a,b]} f_k^{(2)}(x)\mathrm{d}m \to \int_a^b f(x)\mathrm{d}x, \quad k\to\infty,$$

故

$$\int_{[a,b]} \overline{f}(x)\mathrm{d}m \leqslant \int_a^b f(x)\mathrm{d}x \leqslant \int_{[a,b]} \underline{f}(x)\mathrm{d}m \leqslant \int_{[a,b]} \overline{f}(x)\mathrm{d}m,$$

从而知

$$\int_{[a,b]} \overline{f}(x)\mathrm{d}m = \int_{[a,b]} \underline{f}(x)\mathrm{d}m = \int_a^b f(x)\mathrm{d}m.$$

因而 $\overline{f}(x)=\underline{f}(x)$ 在 $[a,b]$ 上几乎处处成立, 由此可推知 $f(x)=\overline{f}(x)=\underline{f}(x)$ 在 $[a,b]$ 上几乎处处成立, 故 f 在 $[a,b]$ 上可测, 在 $[a,b]$ 上 L-可积, 且

$$(L)\int_{[a,b]} f(x)\mathrm{d}m=(R)\int_a^b f(x)\mathrm{d}x.$$

证毕. □

2. 函数 Riemann 可积的充分必要条件

定理 4.4.2 若 f 是定义在 $[a,b]$ 上的有界函数, 则 f 在 $[a,b]$ 上 Riemann 可积的充分必要条件是 f 在 $[a,b]$ 上的不连续点组成的点集是零测集.

证明 **必要性** 若 f 在 $[a,b]$ 上 Riemann 可积, 由定理 4.4.1 的证明知

$$\int_{[a,b]}[\overline{f}(x)-\underline{f}(x)]\mathrm{d}m=0.$$

而 $\overline{f}(x)-\underline{f}(x)\geqslant 0$, 故 $\overline{f}(x)-\underline{f}(x)=0$ a.e. 于 $[a,b]$. 因为 $\overline{f}(x)-\underline{f}(x)$ 是 f 在 x 处的振幅, 故知 f 在 $[a,b]$ 上几乎处处连续.

充分性 若 f 在 $[a,b]$ 上几乎处处连续, 则 $\overline{f}(x)-\underline{f}(x)=0$ a.e. 于 $[a,b]$. 而

$$\overline{f}(x)=\lim_{k\to\infty}f_k^{(2)}(x),\quad \underline{f}(x)=\lim_{k\to\infty}f_k^{(1)}.$$

故

$$\begin{aligned}0=&(L)\int_{[a,b]}[\overline{f}(x)-\underline{f}(x)]\mathrm{d}m\\=&\lim_{k\to\infty}(L)\int_{[a,b]}[f_k^{(2)}(x)-f_k^{(1)}(x)]\mathrm{d}m\\=&\lim_{k\to\infty}(R)\int_a^b[f_k^{(2)}(x)-f_k^{(1)}(x)]\mathrm{d}x\\=&\lim_{k\to\infty}\int_a^b f_k^{(2)}(x)\mathrm{d}x-\lim_{k\to\infty}\int_a^b f_k^{(1)}(x)\mathrm{d}x\\=&\overline{\int_a^b}f(x)\mathrm{d}x-\underline{\int_a^b}f(x)\mathrm{d}x\end{aligned}$$

从而知 f 在 $[a,b]$ 上 Riemann 可积. □

习 题 4.4

1. 设

$$f(x)=\begin{cases}x^2+1, & x\in[0,1]\setminus\mathbb{Q};\\ -\sin x\mathrm{e}^x, & x\in[0,1]\bigcap\mathbb{Q}.\end{cases}$$

问 f 是否在 $[0,1]$ 上 Riemann 可积? 是否在 $[0,1]$ 上 L-可积? 若可积, 计算积分值.

2. 设

$$f(x)=\begin{cases} x^2+1, & x\in G;\\ -\sin x\mathrm{e}^x, & x\in C.\end{cases}$$

其中 C 为 Cantor 集, G 为 Cantor 余集, 问 f 是否在 $[0,1]$ 上 Riemann 可积? 是否在 $[0,1]$ 上 L-可积? 若可积, 计算积分值.

3. 设 f 是 $[0,1]$ 上的 Riemann 可积函数, 其值域包含在区间 $[a,b]$ 中, g 是 $[a,b]$ 上的连续函数. 证明: 函数 $g(f(x))$ 在 $[0,1]$ 上 Riemann 可积.

4.5 重积分与累次积分的 Fubini 定理

本节研究重积分与累次积分之间的关系.

对于正整数 p,q , 记 $n=p+q$, 并记 $\mathbb{R}^n=\mathbb{R}^p\times\mathbb{R}^q$. $f(x,y)$ 是定义在 $\mathbb{R}^n=\mathbb{R}^p\times\mathbb{R}^q$ 上的函数, 其中 $x\in\mathbb{R}^p, y\in\mathbb{R}^q$.

我们从乘积测度开始.

定理 4.5.1 如果 A 和 B 分别是 $\mathbb{R}^p$ 与 $\mathbb{R}^q$ 中的可测集. 则 $E=A\times B$ 是 $\mathbb{R}^p\times\mathbb{R}^q$ 中的可测集, 并且 $mE=mA\cdot mB$. 此处, 当 mA 与 mB 之一为零时, $mA\cdot mB$ 都理解为零.

证明 (1) 当 A 与 B 分别是 $\mathbb{R}^p$ 与 $\mathbb{R}^q$ 中的矩体时, $E=A\times B$ 是 $\mathbb{R}^p\times\mathbb{R}^q$ 中的矩体, 从而有 $mE=mA\cdot mB$.

(2) 当 A 与 B 分别是 $\mathbb{R}^p$ 与 $\mathbb{R}^q$ 中的开集时, 将 A 与 B 分别表示为可列个互不相交的左开右闭矩体的并:

$$A=\bigcup_{i=1}^{\infty}I_i,\quad B=\bigcup_{i=1}^{\infty}J_i.$$

从而有

$$E=A\times B=\bigcup_{i=1}^{\infty}\bigcup_{j=1}^{\infty}(I_i\times J_j)=\bigcup_{i,j=1}^{\infty}(I_i\times J_j).$$

显然, 诸 $I_i\times J_j$ 都是互不相交的, 从而有

$$\begin{aligned} mE&=\sum_{i,j=1}^{\infty}m(I_i\times J_j)=\sum_{i,j=1}^{\infty}(mI_i\cdot mJ_j)\\ &=\sum_{i=1}^{\infty}\left(mI_i\cdot\sum_{j=1}^{\infty}mJ_j\right)=\left(\sum_{i=1}^{\infty}mI_i\right)\cdot\left(\sum_{j=1}^{\infty}mJ_j\right)\\ &=mA\cdot mB.\end{aligned}$$

(3) 如果 A 与 B 分别是 $\mathbb{R}^p$ 与 $\mathbb{R}^q$ 中的有界的 G_δ 集时, 分别取 $\mathbb{R}^p$ 与 $\mathbb{R}^q$ 中的有界开集组成的的递降集列 $G_k^{(1)}$ 和 $G_k^{(2)}$, 使得 $A=\bigcap\limits_{k=1}^{\infty}G_k^{(1)}$ 与 $B=\bigcap\limits_{k=1}^{\infty}G_k^{(2)}$. 因此有

$$E=A\times B=\bigcap_{k=1}^{\infty}G_k^{(1)}\times G_k^{(2)}.$$

由 (2) 知诸 $G_k^{(1)}\times G_k^{(2)}$ 在 $\mathbb{R}^p\times\mathbb{R}^q$ 中可测, 且

$$m(G_k^{(1)}\times G_k^{(2)})=mG_k^{(1)}\cdot mG_k^{(2)}.$$

故知 $\{G_k^{(1)}\times G_k^{(2)}\}$ 是递降可测集列. 从而有

$$\begin{aligned}m(A\times B)&=\lim_{k\to\infty}m(G_k^{(1)}\times G_k^{(2)})=\lim_{k\to\infty}mG_k^{(1)}\cdot mG_k^{(2)}\\&=\lim_{k\to\infty}mG_k^{(1)}\cdot\lim_{k\to\infty}mG_k^{(2)}=mA\cdot mB.\end{aligned}$$

(4) 如果 A 与 B 分别是 $\mathbb{R}^p$ 与 $\mathbb{R}^q$ 中的有界集, 其中至少有一个的测度为零. 不妨设 $mA=0$.

分别取 $\mathbb{R}^p$ 与 $\mathbb{R}^q$ 中的 G_δ 集 G' 与 G'', 使得 $A\subset G'$, $B\subset G''$, 且 $mG'=mA=0$, $mG''=mB$, 从而有

$$0\leqslant m^*(A\times B)\leqslant m(G'\times D'')=mG'\cdot mG''=0.$$

故知 $m^*(A\times B)=0$, 进而知 $A\times B$ 可测, 并且 $m(A\times B)=0$.

(5) 如果 A 与 B 分别是 $\mathbb{R}^p$ 与 $\mathbb{R}^q$ 中的有界可测集, 分别取 $\mathbb{R}^p$ 与 $\mathbb{R}^q$ 中的 G_δ 集 G' 与 G'', 使得 $A\subset G'$, $B\subset G''$.

记 $A_1=G'\setminus A$, $B_1=G''\setminus B$, 则 $mA_1=0$, $mB_1=0$,

$$A\times B=(G'\setminus A_1)\times(G''\setminus B_2)=G'\times G''\setminus A_1\times B\setminus A\times B_1\setminus A_1\times B_1,$$

$$m(A\times B)=m(G'\times G'')=mA\cdot mB.$$

(6) 如果 A 与 B 分别是 $\mathbb{R}^p$ 与 $\mathbb{R}^q$ 中的可测集, 将 A 与 B 分别分解为至多可列个互不相交的有界可测集的并:

$$A=\bigcup_{i=1}^{\infty}A_i,\quad B=\bigcup_{j=1}^{\infty}B_j,$$

则有

$$E=A\times B=\bigcup_{i=1}^{\infty}A_i\times\bigcup_{j=1}^{\infty}B_j=\bigcup_{i,j=1}^{\infty}(A_i\times B_j).$$

依前面所证得的结果可知, 诸 $A_i \times B_j$ 可测且 $m(A_i \times B_j) = mA_i \cdot mB_j$, 故可推知 $E = A \times B = \bigcap\limits_{i,j=1}^{\infty} (A_i \times B_j)$ 可测, 且

$$mE = m(A \times B) = \sum_{i,j=1}^{\infty} m(A_i \times B_j) = \sum_{i=1}^{\infty} mA_i \cdot \sum_{j=1}^{\infty} mA_j = mA \cdot mB.$$

证毕. □

下面讨论反过来的情况.

定义 4.5.1 设 E 是 $\mathbb{R}^p \times \mathbb{R}^q$ 中的点集, 对任意 $x \in \mathbb{R}^p$, 称点集 $E_x = \{y \mid y \in \mathbb{R}^q,\ (x,y) \in E\}$ 为 E 的由 x 确定的截口.

同样, 对任意 $y \in \mathbb{R}^q$, 称点集 $E_y = \{x \mid x \in \mathbb{R}^p,\ (x,y) \in E\}$ 为 E 的由 y 确定的截口.

按照前面定义的证明思路, 容易证明关于一个点集的截口的有如下结论.

定理 4.5.2 如果 E 是 $\mathbb{R}^p \times \mathbb{R}^q$ 中的可测集, 则对任意 $x \in \mathbb{R}^p$, 点集 E_x 是可测的, 函数 $m(x) = mE_x$ 是 $\mathbb{R}^p$ 上的可测函数, 并且

$$mE = \int_{\mathbb{R}^p} m(x)\mathrm{d}x.$$

定理 4.5.3 (Tonelli) 设 f 是 $\mathbb{R}^n = \mathbb{R}^p \times \mathbb{R}^q$ 上的非负可测函数, 则

(1) 对几乎所有的 $x \in \mathbb{R}^p$, $f(x,\cdot)$ 作为 y 的函数是 $\mathbb{R}^q$ 上的非负可测函数;

(2) $\mathbb{R}^p$ 上的函数 $F_f(x) = \displaystyle\int_{\mathbb{R}^q} f(x,y)\mathrm{d}y$ 是非负可测函数;

(3) $\displaystyle\int_{\mathbb{R}^p} \mathrm{d}x \int_{\mathbb{R}^q} f(x,y)\mathrm{d}y = \int_{\mathbb{R}^n} f(x,y)\mathrm{d}x\mathrm{d}y$.

证明 由于 f 是 $\mathbb{R}^n = \mathbb{R}^p \times \mathbb{R}^q$ 上的非负可测函数, 则由 f 的积分以及定理 4.5.2 知其下方图形 G 可测且其测度为

$$mG = \int_{\mathbb{R}^p \times \mathbb{R}^q} f(z)\mathrm{d}z < \infty,$$

$$mG = \int_{\mathbb{R}^p} mG_x \mathrm{d}x < \infty,$$

$$mG_x = \int_{\mathbb{R}^q} f(x,y)\mathrm{d}y \quad \text{a.e.于}\mathbb{R}^p,$$

故

$$F_f(x) = \int_{\mathbb{R}^q} f(x,y)\mathrm{d}y = mG_x$$

是非负可测函数.

$$\int_{\mathbb{R}^p \times \mathbb{R}^q} f(z)\mathrm{d}z = mG = \int_{\mathbb{R}^p} mG_x \mathrm{d}x = \int_{\mathbb{R}^p} \mathrm{d}x \int_{\mathbb{R}^q} f(x,y)\mathrm{d}y.$$ □

定理 4.5.4 (Fubini) 设 f 是 $\mathbb{R}^n=\mathbb{R}^p\times\mathbb{R}^q$ 上的 Lebesgue 可积函数, 则

(1) 对几乎处处的 $x\in\mathbb{R}^p$, $f(x,\cdot)$ 作为 y 的函数是 $\mathbb{R}^q$ 上的 Lebesgue 可积函数;

(2) $\mathbb{R}^p$ 上的函数 $F_f(x)=\displaystyle\int_{\mathbb{R}^q}f(x,y)\mathrm{d}y$ 是 Lebesgue 可积函数;

(3) $\displaystyle\int_{\mathbb{R}^p}F_f(x)\mathrm{d}x=\int_{\mathbb{R}^p}\mathrm{d}x\int_{\mathbb{R}^q}f(x,y)\mathrm{d}y=\int_{\mathbb{R}^n}f(x,y)\mathrm{d}x\mathrm{d}y.$

证明 令 $f(x,y)=f^+(x,y)-f^-(x,y)$. 因为函数 $f^+(x,y)$, $f^-(x,y)$ 都满足 Tonelli 定理的条件, 故立即可以推出函数 $f^+(x,y)$, $f^-(x,y)$ 都满足此定理的 (1), (2) 以及 (3). 而且所有积分值都是有限的, 通过减法运算即可得到本定理的结论. □

习 题 4.5

1. 证明: $\displaystyle\int_0^{+\infty}\mathrm{e}^{-x^2}\mathrm{d}x=\frac{\sqrt{\pi}}{2}$.

2. 设函数 f 在 $[0,1]\times[0,1]$ 上 L-可积, 证明:

$$\int_0^1\left[\int_0^x f(x,y)\mathrm{d}y\right]\mathrm{d}x=\int_0^1\left[\int_y^1 f(x,y)\mathrm{d}x\right]\mathrm{d}y.$$

3. 证明: $\displaystyle\sum_{k=1}^{\infty}\sum_{n=1}^{\infty}\frac{1}{k^2+n^2}=+\infty$.

第 5 章　微分与不定积分

微积分基本定理 (又称 Newton-Leibniz 公式) 是微积分学中的一个重要结论，是联系微分与积分的枢纽. 有了它，积分运算与微分运算可以相互转化，为积分运算的顺利进行提供了极大的方便.

我们要考虑的问题是: 在 Lebesgue 积分意义下微积分基本定理会有怎样的变化? 会有怎样的结论?

首先, 我们回顾关于 Riemann 积分意义下与微积分基本定理有关的结论:

(1) 若 f 在区间 $[a,b]$ 上 Riemann 可积, 定义

$$F(x)=\int_a^x f(t)\,\mathrm{d}t,\quad x\in[a,b].$$

如果函数 f 在点 x_0 处连续, 则函数 F 在 x_0 处可微, 且 $F'(x_0)=f(x_0)$.

(2) 若 f 是定义在 $[a,b]$ 上的可微连续函数, 且其导函数 f' 在 $[a,b]$ 上 Riemann 可积, 则 f 是其导数的不定积分:

$$f(x)=\int_a^x f'(t)\mathrm{d}t+f(a),\quad x\in[a,b].$$

与之相对应地, 我们考虑在 Lebesgue 积分意义下的如下问题:

问题 5.0.1　如果 g 在 $[a,b]$ 上 Lebesgue 可积, 函数

$$f(x)=(L)\int_{[a,x]}g(t)\mathrm{d}m,\quad x\in[a,b]$$

是否几乎处处可微? 若它几乎处处可微, 是否有 $f'(x)=g(x)$ 几乎处处成立?

问题 5.0.2　如果 f 在 $[a,b]$ 上几乎处处可导, 导函数是否 L-可积? 若 L-可积, 是否有

$$f(x)=\int_{[a,x]}f'(t)\mathrm{d}m+f(a)\tag{5.0.1}$$

成立?

问题 5.0.1 的回答是: 只要 g 在 $[a,b]$ 上 Lebesgue 可积, 则 f 在 $[a,b]$ 上几乎处处可导, 且 $f'(x)=g(x)$ 在 $[a,b]$ 上几乎处处成立.

问题 5.0.2 的情况就复杂了, 有例子 (如 Cantor 函数 $\Theta(x)$) 表明, 即使 $f'(x)$ 几乎处处存在且可积, (5.0.1) 式也不定成立.

于是, 人们自然会问: f 满足什么条件时, (5.0.1) 式可能成立?

现在, 我们在 Lebesgue 积分条件下讨论上述问题.

注意到, 当 g 为 $[a,b]$ 上的非负可积函数时,

$$f(x)=\int_{[a,x]}g(t)\mathrm{d}m,\quad x\in[a,b]$$

是单调递增函数. 一般地, 对于 Lebesgue 可积函数 g, 由于

$$g(x)=g^{+}(x)-g^{-}(x),\quad x\in[a,b]$$

为两个非负函数的差, 故由 g 的变上限积分定义的函数可以分解为两个单调递增函数的差:

$$f(x)=(L)\int_{[a,x]}g(t)\mathrm{d}m=(L)\int_{[a,x]}g^{+}(t)\mathrm{d}m-(L)\int_{[a,x]}g^{-}(t)\mathrm{d}m.$$

因此, 如果 (5.0.1) 式成立, f 必可以分解为 $[a,b]$ 上的两个单调递增函数的差.

这种可以分解为两个单调递增函数的差的函数就是后面将要提到的有界变差函数.

有例子表明, 即使 f 是单调递增函数, (5.0.1) 式也不一定成立. 对此, 可以考察 Cantor 函数 $\Theta(x)$ (见第 1 章 1.6 节).

Cantor 函数 $\Theta(x)$ 在 $[0,1]$ 上几乎处处可导, 且 $\Theta'(x)=0$ a.e. 于 $[0,1]$, 在 $[0,1]$ 上几乎处处连续, 故 R-可积. 但是

$$\int_0^1\Theta'(x)\mathrm{d}x=0<1=\Theta(1)-\Theta(0).$$

注意到 Cantor 函数是依 Cantor 完全集 P 的结构构造的, $P=\lim\limits_{k\to\infty}T^k([0,1])$. 而 $T^k[0,1]$ 是 2^k 个互不相交的长度为 $\dfrac{1}{3^k}$ 的闭区间的并, 故对任意的 $\delta>0$, 存在 $k\in\mathbb{N}_+$, 使 $2^k\cdot\dfrac{1}{3^k}<\delta$.

将构成 $T^k[0,1]$ 的所有闭区间从左到右记为

$$[x_1,y_1]\ ,\ [x_2,y_2]\ ,\cdots,\ [x_p,y_p],$$

其中

$$p=2^k,$$

$$0=x_1<y_1\leqslant x_2<y_2\leqslant\cdots\leqslant x_p<y_p=1,$$

$$y_i-x_i=\frac{1}{3^k},\quad i=1,2,\cdots,p,$$

$$\sum_{i=1}^{p}|y_i - x_i| = \frac{p}{3^k} = \frac{2^k}{3^k} < \delta.$$

由于 Cantor 函数连续, 且在 Cantor 余集 G 的每个构成区间上都取常值, 故

$$0 = \Theta(x_1) < \Theta(y_1) = \Theta(x_2) < \Theta(y_2) = \cdots = \Theta(x_p) < \Theta(y_p) = 1,$$

因此有

$$\sum_{i=1}^{p}|\Theta(y_i) - \Theta(x_i)| = 1 > \frac{1}{2} = \varepsilon_0.$$

定义 5.0.1　若 f 在 $[a,b]$ 上不是常值函数, f 在 $[a,b]$ 上几乎处处可微且 $f'(x) = 0$ 在 $[a,b]$ 上几乎处处成立, 则称 f 为 $[a,b]$ 上的Lebesgue **奇异函数**.

如果 f 为 $[a,b]$ 上的奇异函数, 则必存在 $\varepsilon > 0$, 使对任意的 $\delta > 0$, 存在 $[a,b]$ 内有限个互不相交的区间 (x_1, y_1) , (x_2, y_2) ,$\cdots$, (x_k, y_k) , 使得

$$\sum_{i=1}^{k}(y_i - x_i) < \delta, \quad \sum_{i=1}^{k}|f(y_i) - f(x_i)| > \varepsilon.$$

因此, 若 $[a,b]$ 上的函数 f 能使 (5.0.1) 成立, f 必须不是 Lebesgue 奇异函数，这样就引出了与之相对应的一种函数的概念: 绝对连续函数, 即具有如下特征的函数 f :

对任意 $\varepsilon > 0$, 存在 $\delta > 0$, 使当 $[a,b]$ 内任意有限个互不相交的区间

$$(x_1, y_1),\ (x_2, y_2),\ \cdots,\ (x_k, y_k),$$

满足条件 $\sum_{i=1}^{k}(y_i - x_i) < \delta$ 时, 就有 $\sum_{i=1}^{k}|f(y_i) - f(x_i)| < \varepsilon$.

显然，满足上述条件要比一致连续函数的要求强. 绝对连续函数的性质我们将在本章 5.3 节详细讨论.

绝对连续函数恰是使 (5.0.1) 式成立的函数, 这将是本章最重要的结论之一. 在本章接下来的各节中, 我们先引入 Dini 导数与 Vitali 覆盖, 这是我们所需的重要工具. 然后, 证明单调函数几乎处处可导; 引入有界变差函数概念, 证明有界变差函数几乎处处可导; 再证明绝对连续函数必是有界变差函数, 从而几乎处处可导; 最后证明, f 绝对连续的充要条件是 (5.0.1) 式成立.

5.1　Dini 导数与 Vitali 覆盖

我们先对导数概念加以分析、推广.

注意到

$$f \text{ 在 } x \text{ 处可导} \Leftrightarrow \lim_{h\to 0}\frac{f(x+h)-f(x)}{h} \text{ 存在},$$

$$\lim_{h\to 0}\frac{f(x+h)-f(x)}{h} \text{ 存在} \Leftrightarrow \begin{cases} \lim\limits_{h\to 0^+}\dfrac{f(x+h)-f(x)}{h} \\ \lim\limits_{h\to 0^-}\dfrac{f(x+h)-f(x)}{h} \end{cases} \text{都存在且相等}.$$

且有

$$\lim_{h\to 0^+}\frac{f(x+h)-f(x)}{h} \text{ 存在} \Leftrightarrow \begin{cases} \overline{\lim\limits_{h\to 0^+}}\dfrac{f(x+h)-f(x)}{h} \\ \underline{\lim\limits_{h\to 0^+}}\dfrac{f(x+h)-f(x)}{h} \end{cases} \text{都存在且相等},$$

$$\lim_{h\to 0^-}\frac{f(x+h)-f(x)}{h} \text{ 存在} \Leftrightarrow \begin{cases} \overline{\lim\limits_{h\to 0^-}}\dfrac{f(x+h)-f(x)}{h} \\ \underline{\lim\limits_{h\to 0^-}}\dfrac{f(x+h)-f(x)}{h} \end{cases} \text{都存在且相等}.$$

这就启示我们引入如下定义:

$$D^+f(x)=\overline{\lim_{h\to 0^+}}\frac{f(x+h)-f(x)}{h},$$

$$D_+f(x)=\underline{\lim_{h\to 0^+}}\frac{f(x+h)-f(x)}{h},$$

$$D^-f(x)=\overline{\lim_{h\to 0^-}}\frac{f(x+h)-f(x)}{h},$$

$$D_-f(x)=\underline{\lim_{h\to 0^-}}\frac{f(x+h)-f(x)}{h}.$$

分别称为 f 在 x 处的**右上导数**、**右下导数**、**左上导数**、**左下导数**, 统称为 Dini 导数.

若 $D^+f(x_0)=D_+f(x_0)$ 为有限值, 则称 f 在点 x_0 处的**右导数存在**.

若 $D^-f(x_0)=D_-f(x_0)$ 为有限值, 则称 f 在点 x_0 处的**左导数存在**.

若 f 在 x_0 处的四个导数都相等, 则称 f 在点 x_0 处**有导数**.

如果四者相等且为有限值, 则称 f 在 x_0 处**可微**(**或可导**).

定义 5.1.1 设 $E\subset\mathbb{R}$, Γ 是由一些有界闭区间组成的区间族. 如果对任意的 $\varepsilon>0$, 对任意的 $x\in E$, 都存在一个 $I\in\Gamma$, $|I|<\varepsilon$, 使得 $x\in I$, 则称 Γ 为 E 的一个 **Vitali 覆盖**.

例 5.1.1 取 $E=[0,1]$. 记

$$\Gamma_1=\left\{\left[x-\frac{1}{k},x+\frac{1}{k}\right]\,\middle|\, x\in E,k\in\mathbb{N}_+\right\},$$

$$\Gamma_2=\left\{\left[r-\frac{1}{k},r+\frac{1}{k}\right]\,\middle|\, r\in[0,1]\bigcap\mathbb{Q},\quad k\in\mathbb{N}_+\right\},$$

则 Γ_1 与 Γ_2 都是 E 的 Vitali 覆盖.

定理 5.1.1 (Vitali 覆盖定理) 设 $m^*E<+\infty$, 如果 Γ 是 E 的一个 Vitali 覆盖, 则存在 Γ 中至多可列个互不相交的区间 $I_1,\cdots,I_k$ ($k\in\mathbb{N}_+$ 或 $k=+\infty$), 使

$$m^*(E\setminus\bigcup_{i=1}^{k}I_i)=0.$$

证明 不妨设 E 是有界集, 故存在 $a,b\in\mathbb{R}$, $a<b$, 使 $E\subset(a,b)$.

记 $\Gamma_0=\{I\mid I\in\Gamma,\ I\subset(a,b)\}$, 易知 Γ_0 也是 E 的一个 Vitali 覆盖.

取 $I_1\in\Gamma_0$, 若 $m^*(E\setminus I_1)=0$, 则定理得证. 否则, 记

$$r_1=\sup\{\ mI\mid I\in\Gamma_0,\quad I\bigcap I_1=\varnothing\},$$

则 $0<r_1<+\infty$, 选出 $I_2\in\Gamma_0$, 使 $\frac{1}{2}r_1<mI_2$, 且 $I_1\bigcap I_2=\varnothing$.

若 $m(E\setminus(I_1\bigcup I_2))=0$, 则定理得证. 否则, 继续上述过程.

一般地, 设已经在 Γ_0 中选出 $I_1,\cdots,I_p$, 它们互不相交. 若

$$m^*(E\setminus\bigcup_{i=1}^{p}I_i)=0,$$

则定理得证. 否则, 记

$$r_p=\sup\left\{mI\mid I\in\Gamma_0,\ I\bigcap I_i=\varnothing,\ i=1,\cdots,p\right\},$$

则 $0<r_p<+\infty$. 选取 $I_{p+1}\in\Gamma_0$, 使

$$\frac{r_p}{2}<mI_{p+1}\text{ 且 }I_{p+1}\bigcap I_i=\varnothing,\quad i=1,2,\cdots,p.$$

如果经过有限步之后所选出来的那些闭区间 $I_1,\cdots,I_p$ 能够满足条件

$$m^*(E\setminus\bigcup_{i=1}^{p}I_i)=0,$$

则定理得证. 否则, 必可得到一个 Γ_0 中的闭区间列 $\{I_k\}$, 它们互不相交, 且

$$\bigcup_{i=1}^{\infty}I_i\subset(a,b).$$

此时必有

$$m^*(E\setminus\bigcup_{i=1}^{\infty}I_i)=0.$$

事实上, 记 J_k 为与 I_k 有相同中心、长度为 $5mI_k$ 的闭区间, 则

$$0\leqslant\sum_{k=1}^{\infty}mJ_k=\sum_{k=1}^{\infty}5mI_k=5\sum_{k=1}^{\infty}mI_k<5(b-a)<+\infty.$$

对任意的 $x\in E\setminus\bigcup\limits_{i=1}^{\infty}I_i$, 对任意的 $k\in\mathbb{N}_+$, 必存在 $I_x^{(k)}\in\Gamma_0$, 使

$$x\in I_x^{(k)},\quad I_x^{(k)}\bigcap I_i=\varnothing,\quad i=1,\cdots,k.$$

如果对任意的 $l>k$, 总有 $I_x^{(k)}\bigcap I_l=\varnothing$, 则由

$$mI_x^{(k)}\leqslant r_l<2mI_{l+1}\text{ 及 }r_l\to 0,\quad l\to\infty$$

知 $mI_x^{(k)}=0$, 矛盾. 故必存在 $l_0\in\mathbb{N}_+$, 使 $l_0>k$, $I_x^{(k)}\bigcap I_{l_0}\neq\varnothing$.

由 r_{l_0-1} 的定义知

$$mI_x^{(k)}\leqslant r_{l_0-1}<2mI_l,$$

故 $I_x^{(k)}\subset J_{l_0}$. 于是

$$x\in I_x^{(k)}\subset J_{l_0}\subset\bigcup_{i=k}^{\infty}J_i.$$

由此可推知对任意的 $k\in\mathbb{N}_+$, $E\setminus\bigcup\limits_{i=1}^{\infty}I_i\subset\bigcup\limits_{i=k}^{\infty}J_i$. 从而知

$$m^*(E\setminus\bigcup_{i=1}^{\infty}I_i)=0.$$

□

推论 5.1.1 设 $E\subset\mathbb{R}$, $m^*E<+\infty$, 如果 Γ 是 E 的一个 Vitali 覆盖, 则对任意的 $\varepsilon>0$, 存在 Γ 中有限个互不相交的区间 $I_1,\cdots,I_k$, 使

$$m^*(E\setminus\bigcup_{i=1}^{k}I_i)<\varepsilon.$$

5.2 单调函数及有界变差函数的可微性

对于区间 I 上的函数 f, 若对于任意的 $x_1,x_2\in I$, 当 $x_1<x_2$ 时, 必有 $f(x_1)\leqslant f(x_2)$ 成立, 则称 f 是 I 上的单调增函数. 若对于一切的 $x_1,x_2\in I,x_1<x_2$, 不等式 $f(x_1)<f(x_2)$ 成立, 则称 f 是 I 上的严格单调递增函数.

类似地可以定义单调递减函数和严格单调递减函数.

单调递增函数与单调递减函数统称为单调函数.

若函数在闭区间 $[a,b]$ 上是单调的, 则它的间断点所成之集是至多可列集, 并且它的间断点都是第一类间断点.

下面考虑单调函数的导数.

定理 5.2.1 若 f 是定义在 $[a,b]$ 上的单调递增 (实值) 函数, 则 f 的不可微点集为零测集, 而且

$$\int_{[a,b]} f'(x)\mathrm{d}m \leqslant f(b)-f(a). \tag{5.2.1}$$

证明 我们首先证明, 对于 (a,b) 中几乎处处的 x 有

$$D_-f(x)=D^-f(x)=D_+f(x)=D^+f(x).$$

对于单调递增函数 $f(x), x\in[a,b]$, 因为 $D_-f(x)\leqslant D^-f(x)$, $D_+f(x)\leqslant D^+f(x)$ 必成立, 因此, 只要证明在 $[a,b]$ 上几乎处处有

$$D^+f(x)\leqslant D_-f(x),\quad D^-f(x)\leqslant D_+f(x)$$

即可.

先看第一个不等式.

记

$$E_1=\{x\mid x\in[a,b],\ D_-f(x)<D^+f(x)\}.$$

对于 $r,s\in\mathbb{Q},\ r<s$, 记

$$E_{rs}=\{x\mid x\in[a,b],\ D_-f(x)<r<s<D^+f(x)\}.$$

则

$$E_1=\bigcup_{\substack{r,s\in\mathbb{Q}\\ r<s}}E_{rs}.$$

故只要证明对任意的有理数 $r,s,r<s$, 有 $m^*(E_{rs})=0$ 即可.

如若不然, 应存在 $r,s\in\mathbb{Q},\ r<s$, 使 $m^*(E_{rs})>0$.

对任意的 $\varepsilon>0$, 取开集 $G\supset E_{rs}$, 使 $m(G)<(1+\varepsilon)m^*(E_{rs})$. 对任意的 $x\in E_{rs}\subset G$, 对任意的 $\delta>0$, 存在 $h,\ 0<h<\delta$, 使

$$\frac{f(x-h)-f(x)}{-h}<r,\quad [x-h,x]\subset G.$$

这样的 $[x-h,x]$ 的全体构成 E_{rs} 的一个 Vitali 覆盖. 故有有限个互不相交的区间组

$$[x_1-h_1,x_1],[x_2-h_2,x_2],\cdots,[x_n-h_n,x_n],$$

使得

$$m^*(E_{rs} \setminus \bigcup_{i=1}^{n}[x_i - h_i, x_i]) < \varepsilon,$$

故

$$m(\bigcup_{i=1}^{n}[x_i - h_i, x_i]) = \sum_{i=1}^{n} h_i \leqslant m(G) < (1+\varepsilon)m^*(E_{rs}).$$

从而知

$$m^*(E_{rs} \bigcap (\bigcup_{i=1}^{n}[x_i - h_i, x_i])) \geqslant m^* E_{rs} - m^*(E_{rs} \setminus \bigcup_{i=1}^{n}[x_i - h_i, x_i]) > m^*(E_{rs}) - \varepsilon.$$

记

$$A = E_{rs} \bigcap \bigcup_{i=1}^{n}[x_i - h_i, x_i],$$

则 $A \subset G$, 从而对任意的 $y \in A$, $s < D^+ f(x)$. 故对任意的 $\delta > 0$, 存在 $l > 0$, 使

$$\frac{f(y+l) - f(y)}{l} > s,$$

且 $[y, y+l]$ 含于某个 $[x_i - h_i, x_i]$ 之中. 这样的 $[y_i, y_i + l_i]$ 的全体构成了 A 的一个 Vitali 覆盖, 从而有有限个

$$[y_1, y_1 + l_1], [y_2, y_2 + l_2], \cdots, [y_k, y_k + l_k],$$

使得

$$m^*(A \setminus \bigcup_{i=1}^{k}[y_i, y_i + l_i]) < \varepsilon,$$

$$\sum_{i=1}^{k} l_i > m^*(A) - \varepsilon > m^*(E_{rs}) - 2\varepsilon.$$

又

$$f(y_j + l_j) - f(y_j) > s l_j,$$

从而有

$$\sum_{j=1}^{k}[f(y_j + l_j) - f(y_j)] > s(m^*(E_{rs}) - 2\varepsilon).$$

注意到 f 是单调递增的函数以及 $[y, y+l]$ 含于某个 $[x_i - h_i, x_i]$ 之中, 可知

$$f(y_j + l_j) - f(y_j) \leqslant f(x_i) - f(x_i - h_i)$$

$$\sum_{j=1}^{k}(f(y_j+l_j)-f(y_j)) \leqslant \sum_{i=1}^{n}(f(x_i)-f(x_i-h_i)) \leqslant \sum_{i=1}^{n} rh_i = r(1+\varepsilon)m^*(E_{rs}).$$

令 $\varepsilon \to 0^+$, 则有 $sm^*(E_{rs}) \leqslant rm^*(E_{rs})$, 这与 $r<s$ 矛盾, 故 $m^*(E_{rs})=0$. 这样, 就证明了第一个不等式 $D^+f(x) \leqslant D_-f(x)$.

对于第二个不等式, 可用 $-f$ 替换 f, 并注意到

$$D^+(-f) = -D_+(f), \quad D^-(-f) = -D_-(f),$$

则几乎处处有

$$-D_+(f(x)) = D^+(-f(x)) \leqslant D_-(-f(x)) = -D^-(f(x)),$$

这样就证明了第二个不等式 $D^-(f(x)) \leqslant D_+(f(x))$.

最后我们来证明 (5.2.1) 式. 由上所述, f' 在 $[a,b]$ 上是几乎处处有定义的. 根据 f 的单调递增的性质, 可知 $f'(x) \geqslant 0$ 几乎处处成立. 令

$$f_k(x) = \frac{f\left(x+\dfrac{1}{k}\right)-f(x)}{\dfrac{1}{k}}, \quad x \in [a,b],$$

其中认定当 $x>b$ 时, 有 $f(x)=f(b)$.

易知在 $[a,b]$ 上几乎处处有

$$f_k(x) \geqslant 0, \quad \lim_{k\to\infty} f_k(x) = f'(x).$$

于是由 Fatou 引理知, 有

$$\begin{aligned}
\int_{[a,b]} f'(x)\mathrm{d}m &\leqslant \varliminf_{k\to\infty} \int_{[a,b]} f_k(x)\mathrm{d}m \\
&= \varliminf_{k\to\infty} \int_a^b f_k(x)\mathrm{d}x \\
&\leqslant \varliminf_{k\to\infty} k\int_a^b [f(x+\frac{1}{k})-f(x)]\mathrm{d}x \\
&= \varliminf_{k\to\infty} \left[k\int_b^{b+\frac{1}{k}} f(x)\mathrm{d}x - k\int_a^{a+\frac{1}{k}} f(x)\mathrm{d}x\right] \\
&= \varliminf_{k\to\infty} \left[f(b) - k\int_a^{a+\frac{1}{k}} f(x)\mathrm{d}x\right] \\
&\leqslant f(b)-f(a).
\end{aligned}$$

从而 (5.2.1) 式成立. □

在本章开头我们曾指出, 需要考察由两个单调函数的差构成的函数. 这样的函数不一定是单调函数了. 这种函数被称为有界变差函数. 然而有界变差函数概念来自可求长曲线概念 (关于这一点, 请参考本章 5.3 节), 由此得到下面方式的定义.

定义 5.2.1 对于 $[a,b]$ 上的函数 f 以及分划

$$T:\quad a=x_0<x_1<x_2<\cdots<x_k=b,$$

称 $V(T,f)=\sum_{i=1}^{k}|f(x_i)-f(x_{i-1})|$ 为函数 f 关于分划 T 的变差.

称 $\bigvee\limits_a^b(f)=\sup\limits_T V(T,f)$ 为函数 f 在 $[a,b]$ 上的全变差.

如果它是有限数, 则称函数 f 是 $[a,b]$ 上的有界变差函数, 也称为囿变函数.

用 $\mathrm{BV}[a,b]$ 表示由 $[a,b]$ 上全体有界变差函数构成的集合.

容易证明下面的定理:

定理 5.2.2 (1) $[a,b]$ 上的单调函数必是有界变差函数;

(2) 如果 f 是 $[a,b]$ 上的有界变差函数, $a<c<b$, 则 f 也是 $[a,c]$ 以及 $[c,b]$ 上的有界变差函数, 且 $\bigvee\limits_a^b(f)=\bigvee\limits_a^c(f)+\bigvee\limits_c^b(f)$.

(3) 如果 f,g 都是 $[a,b]$ 上的有界变差函数, 则对任意实数 $\alpha,\beta,\alpha f+\beta g$ 亦然.

定理 5.2.3 (Jordan 分解定理) $[a,b]$ 上函数 f 是有界变差函数当且仅当 f 可表示为两个单调递增函数的差.

证明 设函数 f 是 $[a,b]$ 上的有界变差函数, 对 $x\in[a,b]$, 记

$$\nu(x)=\bigvee_a^x(f),\quad u(x)=\nu(x)-f(x),$$

它们都是 $[a,b]$ 上的单调递增函数.

事实上, 对任意 $x_1,x_2\in[a,b]$, 当 $x_1<x_2$ 时

$$\nu(x_2)-\nu(x_1)=\bigvee_{x_1}^{x_2}(f)\geqslant 0,$$

故 ν 是 $[a,b]$ 上的单调递增函数.

而

$$\begin{aligned}u(x_2)-u(x_1)&=\nu(x_2)-\nu(x_1)-(f(x_2)-f(x_1))\\&=\bigvee_a^{x_2}(f)-\bigvee_a^{x_1}(f)-(f(x_2)-f(x_1))\\&=\bigvee_{x_1}^{x_2}(f)-(f(x_2)-f(x_1))\\&\geqslant|f(x_2)-f(x_1)|-(f(x_2)-f(x_1))\geqslant 0,\end{aligned}$$

故 u 也是 $[a,b]$ 上的单调递增函数. 故 f 为两个单调递增函数之差.

另一方面, 因为单调函数必为有界变差函数, 故 $[a,b]$ 上的两个有界变差函数之差仍是 $[a,b]$ 上的有界变差函数. □

由定理 5.2.3 以及定理 5.2.1 知, $[a,b]$ 上的有界变差函数的间断点所成之集至多可列, 并且这种函数的一切间断点都是第一类间断点. 有界变差函数几乎处处可导.

习 题 5.2

1. 试证明 $\bigvee\limits_a^b(f)=0$ 当且仅当 $f(x)=C$ (常数).
2. 设 $f\in \mathrm{BV}([a,b])$, 试证明 $|f|\in \mathrm{BV}([a,b])$, 但反之不然.
3. 设 f 在 $[a,b]$ 上满足 Lipschitz 条件, 则 $\bigvee\limits_a^x(f)$ 在 $[a,b]$ 上也满足 Lipschitz 条件.
4. 设 $\{f_k\}$ 为 $[a,b]$ 上的有界变差函数列, $f_k(x)\to f(x)$, 且 $|f(x)|<\infty$. 如果 $\bigvee\limits_a^b(f_k)<2(n=1,2,\cdots)$, 则 f 为 $[a,b]$ 上的有界变差函数.
5. 证明两个有界变差函数的和仍然是有界变差函数.
6. 计算 (1) $\bigvee\limits_{-1}^1(x-x^3)$; (2) $\bigvee\limits_0^{4\pi}(\cos x)$; (3) $\bigvee\limits_0^2(f)$, 其中

$$f(x)=\begin{cases} x^2, & x\in[0,1);\\ 5, & x=1;\\ x+2, & x\in(1,2].\end{cases}$$

5.3 绝对连续函数与微积分基本定理

我们先证明下面的结论.

定理 5.3.1 *若 f 在 $[a,b]$ 上不是常值函数, 在 $[a,b]$ 上几乎处处可微, 且 $f'(x)=0$ 在 $[a,b]$ 上几乎处处成立, 则必存在 $\varepsilon>0$, 使对任意的 $\delta>0$, 存在 $[a,b]$ 中有限个互不相交的区间*

$$(x_1,y_1)\ ,\ (x_2,y_2),\cdots,\ (x_k,y_k)$$

使得

$$\sum_{i=1}^k(y_i-x_i)<\delta,\quad \sum_{i=1}^k|f(y_i)-f(x_i)|>\varepsilon.$$

证明 因为 f 不是常数, 所以不妨设存在 $c\in(a,b]$ 使得 $f(a)\neq f(c)$. 做点集

$$E_c=\{x\mid x\in(a,c),\ f'(x)=0\},$$

则 $m([a,c]\setminus E_c)=0$.

选 $\varepsilon>0$, 满足 $2\varepsilon<|f(c)-f(a)|$.

对任意的 $x\in E_c$, 由于 $f'(x)=0$, 故知对任意的 $r>0$, $r<\dfrac{\varepsilon}{b-a}$, 只要 h 充分小且 $[x,x+h]\subset(a,c)$, 就有

$$|f(x+h)-f(x)|<rh.$$

于是 (r 固定) 如此之区间 $[x,x+h]$ 的全体就构成 E_c 的一个 Vitali 覆盖. 根据 Vitali 定理可知, 对任意的 $\delta>0$, 存在互不相交的区间组

$$[x_1,x_1+h_1],\ [x_2,x_2+h_2],\ \cdots,\ [x_n,x_n+h_n],$$

$$\begin{aligned}m([a,c)\setminus\bigcup_{i=1}^n[x_i,x_i+h_i))=&m([a,c)\setminus E_c)+m(E_c\setminus\bigcup_{i=1}^n[x_i,x_i+h_i])\\=&m(E_c\setminus\bigcup_{i=1}^n[x_i,x_i+h_i])<\delta.\end{aligned}$$

不妨设这些区间的端点可排列为

$$a=x_0<x_1<x_1+h_1<x_2<x_2+h_2<\cdots<x_n+h_n<x_{n+1}=c.$$

令 $h_0=0$, 则有

$$\begin{aligned}2\varepsilon<&|f(c)-f(a)|\\\leqslant&\sum_{i=0}^n|f(x_{i+1})-f(x_i+h_i)|+\sum_{i=1}^n|f(x_i+h_i)-f(x_i)|\\\leqslant&\sum_{i=0}^n|f(x_{i+1})-f(x_i+h_i)|+r\sum_{i=1}^n h_i\\\leqslant&\sum_{i=0}^n|f(x_{i+1})-f(x_i+h_i)|+r(b-a);\end{aligned}$$

所以

$$\sum_{i=0}^n|f(x_{i+1})-f(x_i+h_i)|>\varepsilon,$$

且

$$\sum_{i=1}^n(x_{i+1}-(x_i+h_i))=m([a,c]\setminus\bigcup_{i=1}^n(x_i,x_i+h_i))<\delta.$$

定理证毕. □

定义 5.3.1　对于函数 $f(x), x \in [a,b]$, 若对任意的 $\varepsilon > 0$, 存在着 $\delta > 0$, 使得对于 $[a,b]$ 中的任何有限个互不相交的区间

$$(x_1, y_1)\ ,\ (x_2, y_2)\ , \cdots ,\ (x_k, y_k),$$

只要 $\sum\limits_{i=1}^{k} |y_i - x_i| < \delta$, 就有 $\sum\limits_{i=1}^{k} |f(y_i) - f(x_i)| < \varepsilon$, 则称 f 是 $[a,b]$ 上的绝对连续函数.

将 $[a,b]$ 上绝对连续函数之全体组成的集合记为 $\mathrm{AC}[a,b]$.

绝对连续函数具有以下性质:

定理 5.3.2　如果 f 在 $[a,b]$ 上绝对连续, 则 f 是有界变差函数, 从而在 $[a,b]$ 上几乎处处可微.

证明　因为 f 在 $[a,b]$ 上绝对连续, 取 $\varepsilon = 1$, 则存在 $\delta > 0$, 对 $[a,b]$ 中互不相交的区间

$$(x_1, y_1), \cdots , (x_k, y_k),$$

当 $\sum\limits_{i=1}^{k} (y_i - x_i) < \delta$ 时, 有

$$\sum_{i=1}^{k} |f(y_i) - f(x_i)| < 1.$$

对 $[a,b]$ 作分划: $a = x_0 < x_1 < \cdots < x_N = b$, 使得 $x_m - x_{m-1} < \delta$, 则对任给的 $m, m = 1, 2, \cdots, N$, 有 $\bigvee\limits_{x_{m-1}}^{x_m} (f) \leqslant 1$. 所以

$$\bigvee_{a}^{b} (f) \leqslant N < +\infty. \qquad \square$$

定理 5.3.3　若 $g \in L[a,b]$, 则其不定积分

$$f(x) = \int_{[a,x]} g(t) \mathrm{d}m$$

是 $[a,b]$ 上的绝对连续函数.

证明　对任意的 $\varepsilon > 0$, 因为 $g \in L[a,b]$, 所以存在 $\delta > 0$, 当 $e \subset [a,b]$ 且 $m(e) < \delta$ 时, 有

$$\int_{e} |g(x)| \mathrm{d}m < \varepsilon.$$

现在对于 $[a,b]$ 中任意有限个互不相交的区间

$$(x_1, y_1)\ ,\ (x_2, y_2)\ , \cdots ,\ (x_k, y_k),$$

当其长度之和小于 δ 时, 就有

$$\sum_{i=1}^{k}|f(y_i)-f(x_i)|=\sum_{i=1}^{k}\left|\int_{x_i}^{y_i}g(x)\mathrm{d}x\right|\leqslant\sum_{i=1}^{k}\int_{x_i}^{y_i}|g(x)|\mathrm{d}x$$
$$=\int_{\bigcup\limits_{i=1}^{k}[x_i,y_i]}|g(x)|\mathrm{d}x<\varepsilon.$$

这说明是 f 是 $[a,b]$ 上的绝对连续函数. □

定理 5.3.4 如果 g 在 $[a,b]$ 上 L-可积, 则函数

$$f(x)=\int_{[a,x]}g(t)\mathrm{d}m,\quad x\in[a,b]$$

在 $[a,b]$ 上几乎处处可导, 而且 $f'(x)=g(x)$ 在 $[a,b]$ 上几乎处处成立.

证明 由前面证明的定理知, f 在 $[a,b]$ 上绝对连续, 从而知 f 在 $[a,b]$ 上几乎处处可导. 下面证明 $f'(x)=g(x)$ a.e. 于 $[a,b]$.

(1) 证明 $f'(x)\leqslant g(x)$ a.e. 于 $[a,b]$.

对于有理数 r,s ,$r<s$, 记

$$E_{rs}=\{x\mid x\in(a,b),\ \ g(x)<r<s<f'(x)\}.$$

则由

$$\{x\mid x\in(a,b),\ \ g(x)<f'(x)\}=\bigcup_{\substack{r,s\in\mathbb{Q}\\ r<s}}E_{rs}$$

知, 只要证明当 $r,s\in\mathbb{Q}$, $r<s$ 时 $mE_{rs}=0$ 即可.

对任意 $\varepsilon>0$, 存在 $\delta>0$, 使得当 $e\subset(a,b)$时, $me<\delta$ 时,

$$\int_e|g(t)|\mathrm{d}m<\varepsilon.$$

取开集 G 使 $E_{rs}\subset G\subset[a,b]$, $mG<mE_{rs}+\delta$. 则 $m(G\setminus E_{rs})<\delta$.

对任意 $x\in E_{rs}$, 存在充分小的 $h>0$, 使

$$\frac{f(x+h)-f(x)}{h}>s,$$

且 $[x,x+h]\subset G$ 这样的闭区间 $[x,x+h]$ 之全体构成 E_{rs} 的一个 Vitali 覆盖, 故存在至多可列个互不相交的区间

$$[x_1,x_1+h_1]\ ,\ \cdots,\ [x_k,x_k+h_k]$$

使得 $m(E_{rs}\setminus\bigcup\limits_{i=1}^{k}[x_i,x_i+h_i])=0$, 其中 k 为自然数或为 $+\infty$.

记 $E = \bigcup\limits_{i=1}^{k}[x_i, x_i + h_i]$, 则 $E \subset G$, 故 $m(E \setminus E_{rs}) \leqslant m(G \setminus E_{rs}) < \delta$, 从而有

$$\int_{E\setminus E_{rs}} g(t)\mathrm{d}m < \int_{E\setminus E_{rs}} |g(t)|\mathrm{d}m < \varepsilon,$$

故有

$$\begin{aligned}\int_E g(t)\mathrm{d}m &\leqslant \int_E |g(t)|\mathrm{d}m \leqslant \int_{E\setminus E_{rs}} |g(t)|\mathrm{d}m + \int_{E_{rs}} |g(t)|\mathrm{d}m \\ &< \int_{E_{rs}} |g(t)|\mathrm{d}m + \varepsilon \leqslant \int_{E_{rs}} r\mathrm{d}m + \varepsilon \\ &= r \cdot mE_{rs} + \varepsilon\end{aligned}$$

另一方面, 由于

$$\frac{1}{h_i}\int_{(x_i, x_i+h_i)} g(t)\mathrm{d}m = \frac{f(x_i + h_i) - f(x_i)}{h_i} > s,$$

故

$$\int_E g(t)\mathrm{d}m > s \cdot mE.$$

若 $s \geqslant 0$, 则有

$$\int_E g(t)\mathrm{d}m > s \cdot mE \geqslant s \cdot mE_{rs} > s \cdot mE_{rs} - s\varepsilon.$$

若 $s < 0$, 则由 $E \subset (G \setminus E_{rs})\bigcup E_{rs}$ 有 $m(E) \leqslant \delta + mE_{rs}$, 从而有

$$\int_E g(t)\mathrm{d}m > s(mE_{rs} + \varepsilon) = smE_{rs} - |s|\varepsilon.$$

故总有

$$\int_E g(t)\mathrm{d}m > s \cdot mE_{rs} - |s|\varepsilon.$$

综合之有

$$-|s|\varepsilon + s \cdot mE_{rs} < r \cdot mE_{rs} + \varepsilon.$$

由 $\varepsilon > 0$ 的任意性可知, 有

$$s \cdot mE_{rs} \leqslant r \cdot mE_{rs} \leqslant s \cdot mE_{rs}$$

而 $r < s$, 故 $mE_{rs} = 0$.

(2) 证明在 $[a, b]$ 上几乎处处有 $f'(x) \geqslant g(x)$.

记

$$g_1(x) = -g(x), \quad x \in [a,b],$$
$$\varphi(x) = \int_{[a,x]} g(t)\mathrm{d}m, \quad x \in [a,b],$$

则应用 (1) 的结果可知在 $[a,b]$ 上几乎处处有

$$\varphi'(x) \leqslant g_1(x) = -g(x),$$

即

$$-f'(x) \leqslant -g(x),$$

亦即 $f'(x) \geqslant g(x)$ a.e. 于 $[a,b]$

综合 (1),(2) 可知 $f'(x) = g(x)$ a.e. 于 $[a,b]$. □

定理 5.3.5 $[a,b]$ 上的函数 f 为绝对连续的充要条件是: 存在 $[a,b]$ 上的 L-可积函数 g 以及常数 C, 使得

$$f(x) = \int_{[a,x]} g(t)\mathrm{d}m + C.$$

此时, $C = f(a), g(x) = f'(x)$ a.e. 于 $[a,b]$.

证明 充分性可见前面的定理 5.3.3, 下面证明必要性.

设 f 为 $[a,b]$ 上的绝对连续函数, 则 f 在 $[a,b]$ 上几乎处处可导, 且 f' 在 $[a,b]$ 上 L-可积, 令

$$\varphi(x) = \int_{[a,x]} f'(t)\mathrm{d}m.$$

则由前面的定理可知 $\varphi'(x) = f'(x)$ a.e. 于 $[a,b]$.

记

$$h(x) = f(x) - \varphi(x), \quad x \in [a,b],$$

则 h 为 $[a,b]$ 上的绝对连续函数, 且 $h'(x) = 0$ a.e. 于 $[a,b]$.

由定理 5.3.1 知必存在常数 C, 使得 $h(x) \equiv C$. 即对任意的 $x \in [a,b]$, 有

$$f(x) = \varphi(x) + C.$$

而 $\varphi(a) = 0$, 故 $C = f(a)$. □

习 题 5.3

1. 若 f 在 $[a,b]$ 上绝对连续, 且有 $| f'(x) | \leqslant M$ a.e. 于 $[a,b]$, 则

$$| f(y) - f(x) | \leqslant M \mid x - y \mid$$

对任意的 $x, y \in [a,b]$ 成立.

2. 设 f 定义在 $[a,b]$ 上. 若有 $|f(y)-f(x)|\leqslant M|y-x|$, $x,y\in[a,b]$, 则 $|f'(x)|\leqslant M$ 在 $[a,b]$ 上几乎处处成立.

3. 设 f 在 $[a,b]$ 上绝对连续, 且 $f'(x)\geqslant 0$ a.e. 于 $[a,b]$, 则 f 为 $[a,b]$ 上的递增函数.

4. 证明: 两个绝对连续函数的和仍然是绝对连续函数.

第 6 章　L^p 空间

在《绪论》里我们谈到，在 Riemann 积分意义下的距离空间 $(R_1[a,b],d)$ 不完备. 在本章里，我们将证明，在 Lebesgue 积分意义下构成的距离空间 $(L[a,b],d)$ 是完备的. 更进一步的，对任意的 $p \geqslant 1$, 空间 $L^p(E)$ 是完备的.

本章讨论 $L^p(E)$ 空间.

Lebesgue 测度与 Lebesgue 积分理论不仅扩大了积分对象, 这种新的可积函数类构成的空间是 Riemamn 可积函数类构成的空间的完备化空间. 其中, 由 L-可积函数类构成的空间有着与 Euclid 空间相类似的结构和性质.

本章所讨论 L^p 空间 $1 \leqslant p \leqslant +\infty$ 是 F.Riesz 于 1910 年引入的. 它们在解决微分方程、积分方程、Fourier 分析等领域的问题中起着重要作用. 本章的内容将为泛函分析理论提供一个重要的模型.

6.1　L^p 空间的定义及结构

为了讨论 $L^p(E)$ 空间, 我们先引入赋范向量空间的概念.

定义 6.1.1　设 X 是一个数域 $\mathbb{K}$ ($\mathbb{K} = \mathbb{R}$ 或 $\mathbb{C}$) 上的向量空间, $\|\cdot\|$ 是 X 到 $\mathbb{R}$ 上的一个映射, 它满足下面三个性质:

(1) 对任意的 $x \in X$, $\|x\| \geqslant 0$, $\|x\| = 0$ 当且仅当 $x = 0$;

(2) 对任意的 $x \in X$ 以及任意的 $a \in \mathbb{K}$, $\|ax\| = |a|\,\|x\|$;

(3) 对任意的 $x, y \in X$, 有

$$\|x+y\| \leqslant \|x\| + \|y\|;$$

则称 $\|\cdot\|$ 是向量空间 X 上的一个*范数*，称 $(X, \|\cdot\|)$ 是一个*赋范向量空间*.

如果 $(X, \|\cdot\|)$ 是一个赋范向量空间, 则对任意 $x, y \in X$, 定义

$$d(x,y) = \|x-y\|,$$

称 X 依 d 构成一个*距离空间*(请读者自己验证).

如果 (X,d) 完备, 则称 $(X,\|\cdot\|)$ 是一个*完备赋范向量空间*, 简称 Banach 空间 (S.Banach, 波兰数学家).

例 6.1.1 对于 $x=(\xi_1,\cdots,\xi_n)\in\mathbb{R}^n$, 定义

$$\|x\|=(\sum_{i=1}^{n}|\xi_i|^2)^{\frac{1}{2}},$$

则 $\mathbb{R}^n$ 依 $\|\cdot\|$ 构成 Banach 空间.

定义 6.1.2 设 E 是 $\mathbb{R}^n$ 中的可测集. 对于 E 上的可测函数 f 与 g , 规定 $f=g$ 当且仅当 $f(x)=g(x)$ a.e. 于 E.

(1) 当 $1\leqslant p<+\infty$ 时, 记

$$L^p(E)=\left\{f\ \middle|\ \int_E|f(x)|^p dm<+\infty\right\};$$

(2) 设 $mE>0$, 记

$$L^\infty(E)=\{f\mid 存在M>0, 使|f(x)|\leqslant M \text{ a.e. } 于E\}.$$

定理 6.1.1 $L^p(E)$, $L^\infty(E)$ *都以通常的加法与数乘运算构成实向量空间.*

证明 (1) 考察 $L^p(E)$, $1\leqslant p<+\infty$. 设 $f,g\in L^p(E)$,$a,b\in\mathbb{R}$, 当 $p=1$ 时, 由 $|af+bg|\leqslant|a||f|+|b||g|$ 以及 $|f|,|g|$ 均 L-可积知, $|af+bg|$ 也是 L-可积. 从而知 $f,g\in L(E)$. 故 $L(E)$ 是一个实向量空间.

当 $1<p<+\infty$ 时, 由于

$$|a||f|+|b||g|\leqslant 2\max\left(|a||f|,|b||g|\right),$$

故

$$|af+bg|^p\leqslant 2^p\max\left(|a|^p|f|^p,|b|^p|g|^p\right)\leqslant 2^p(|a|^p|f|^p+|b|^p|g|^p),$$

可知 $af+bg\in L^p(E)$. 进而推知 $L^p(E)$ 是一个实向量空间.

(2) 考察 $L^\infty(E)$. 注意到对任意实数 a,b, 不等式

$$|af(x)+bg(x)|\leqslant|a||f(x)|+|b||g(x)|$$

在 E 上几乎处处成立. 而对 f,g, 存在 $M>0$, 使

$$|f(x)|\leqslant M,\quad |g(x)|\leqslant M$$

在 E 上几乎处处成立. 故知

$$|af(x)+bg(x)|\leqslant(|a|+|b|)M$$

在 E 上几乎处处成立. 从而知 $af+bg\in L^\infty(E)$. 因此, $L^\infty(E)$ 也是实向量空间. 此时, 称 $L^\infty(E)$ 中的元为 E 上的*本性有界函数*. □

定义 6.1.3 当 $1 \leqslant p < +\infty$ 时, 对于 $f \in L^p(E)$, 定义

$$\|f\| = (\int_E |f(x)|^p \mathrm{d}m)^{\frac{1}{p}};$$

对于 $f \in L^\infty(E)$, 定义

$$\|f\| = \operatorname*{ess\,sup}_{x\in E} |f(x)| = \inf_{E_0\subset E, mE_0=0} \sup_{x\in E\setminus E_0} |f(x)|;$$

分别称为 $L^p(E)$ 及 $L^\infty(E)$ 上的范数.

对于 $f \in L^\infty(E)$, 称 $\|f\|$ 为 f 的本性上确界. $L^p(E)$ 依上述定义的范数构成 Banach 空间.

引理 6.1.1 (Yange) 设 p, q 是满足条件

$$\frac{1}{p} + \frac{1}{q} = 1$$

的正数 (称这样的 p, q 为相伴数), 则对任意实数 a, b, 有

$$|ab| \leqslant \frac{|a|^p}{p} + \frac{|b|^q}{q}.$$

证明 不妨设 a, b 都是正数. 对于 $\alpha \in (0,1]$, 考察函数 $\varphi(t) = 1-\alpha+\alpha t-t^\alpha$, $t \in (0,+\infty)$.

由于

$$\varphi'(t) = \alpha - \alpha t^{\alpha-1} = \alpha(1-t^{\alpha-1}),$$

故当 $0 < t < 1$ 时, $\varphi'(t) < 0$; 当 $1 < t < +\infty$ 时, $\varphi'(t) > 0$.

再由 φ 在 $(0,+\infty)$ 上连续知, φ 在 $t_0 = 1$ 处取得最小值, 即对任意的 $t \in (0,+\infty)$, 有 $0 = \varphi(1) \leqslant \varphi(t)$, 亦即 $t > 0$ 时,

$$t^\alpha \leqslant 1 - \alpha + \alpha t.$$

取 $\alpha = \dfrac{1}{p}$, $t = \dfrac{a^p}{b^q}$, 代入整理既得

$$ab \leqslant \frac{a^p}{p} + \frac{b^q}{q}. \qquad \square$$

引理 6.1.2 (Hölder 不等式) 设 E 是 Lebesgue 可测集, f, g 是 E 上的可测函数, 则有

$$\int_E |f(x)g(x)|\,\mathrm{d}m \leqslant \left(\int_E |f(x)|^p\,\mathrm{d}m\right)^{\frac{1}{p}} \cdot \left(\int_E |g(x)|^q\,\mathrm{d}m\right)^{\frac{1}{q}},$$

其中 p , q 为相伴数.

证明　如果

$$A=\left(\int_E |f(x)|^p \,\mathrm{d}m\right)^{\frac{1}{p}},\quad B=\left(\int_E |g(x)|^q \,\mathrm{d}m\right)^{\frac{1}{q}}$$

中有一个为 0 或 $+\infty$, 则所要证得不等式自然成立。下设二者都是正实数，则由 Yange 不等式知

$$\frac{|f(x)|}{A}\frac{|g(x)|}{B}\leqslant \frac{1}{p}\frac{|f(x)|^p}{A^p}+\frac{1}{q}\frac{|g(x)|^q}{B^q}$$

成立，两边积分得

$$\frac{1}{AB}\int_E |f(x)||g(x)|\,\mathrm{d}x\leqslant \frac{1}{p}\frac{\displaystyle\int_E |f(x)|^p\,\mathrm{d}m}{A^p}+\frac{1}{q}\frac{\displaystyle\int_E |g(x)|^q\,\mathrm{d}m}{B^q}=1,$$

即

$$\int_E |f(x)||g(x)|\mathrm{d}m\leqslant AB=(\int_E |f(x)|^p\mathrm{d}m)^{\frac{1}{p}}(\int_E |g(x)|^q\mathrm{d}m)^{\frac{1}{q}}.\qquad\square$$

引理 6.1.3 (Minkowski 不等式)　*设 E 是 Lebesgue 可测集, f,g 是 E 上的可测函数, $p\geqslant 1$, 则有*

$$\left(\int_E |f(x)+g(x)|^p\,\mathrm{d}m\right)^{\frac{1}{p}}\leqslant \left(\int_E |f(x)|^p\,\mathrm{d}m\right)^{\frac{1}{p}}+\left(\int_E |g(x)|^p\,\mathrm{d}m\right)^{\frac{1}{p}}.$$

证明　首先，如果所要证的不等式右端有一个是 $+\infty$ ，则结论自然成立，下设右端两项都是有限实数.

$p=1$ 时，由

$$|f(x)+g(x)|\leqslant |f(x)|+|g(x)|$$

立即可得所要证的不等式.

$p>1$ 时，由

$$(|f(x)|+|g(x)|)^p\leqslant 2^p(|f(x)|^p+|g(x)|^p)$$

知

$$\int_E |f(x)+g(x)|^p\,\mathrm{d}m\leqslant 2^p\left(\int_E |f(x)|^p\,\mathrm{d}m+\int_E |g(x)|^p\,\mathrm{d}m\right),$$

从而知 $|f(x)+g(x)|^p$ 在 E 上 L-可积.

由 $\dfrac{1}{p}+\dfrac{1}{q}=1$ 知 $(p-1)q=p$, 故

$$\begin{aligned}|f(x)+g(x)|^p\leqslant&(|f(x)|+|g(x)|)|f(x)+g(x)|^{(p-1)}\\ \leqslant&|f(x)||f(x)+g(x)|^{(p-1)}+|g(x)||f(x)+g(x)|^{(p-1)},\end{aligned}$$

$$\begin{aligned}&\int_E |f(x)||f(x)+g(x)|^{(p-1)}\mathrm{d}m\\ \leqslant&\left(\int_E |f(x)|^p\mathrm{d}m\right)^{\frac{1}{p}}\left(\int_E |f(x)+g(x)|^{q(p-1)}\mathrm{d}m\right)^{\frac{1}{q}}\\ =&\left(\int_E |f(x)|^p\,\mathrm{d}m\right)^{\frac{1}{p}}\left(\int_E |f(x)+g(x)|^p\,\mathrm{d}m\right)^{\frac{1}{q}},\\ &\int_E |g(x)||f(x)+g(x)|^{(p-1)}\,\mathrm{d}m\\ \leqslant&\left(\int_E |g(x)|^p\,\mathrm{d}m\right)^{\frac{1}{p}}\left(\int_E |f(x)+g(x)|^p\,\mathrm{d}m\right)^{\frac{1}{q}}.\end{aligned}$$

故

$$\begin{aligned}&\int_E |f(x)+g(x)|^p\,\mathrm{d}m\\ \leqslant&\left[\left(\int_E |f(x)|^p\,\mathrm{d}m\right)^{\frac{1}{p}}+\left(\int_E |g(x)|^p\,\mathrm{d}m\right)^{\frac{1}{p}}\right]\left[\int_E |f(x)+g(x)|^p\,\mathrm{d}m\right]^{\frac{1}{q}},\end{aligned}$$

即

$$\left[\int_E |f(x)+g(x)|^p\,\mathrm{d}m\right]^{\frac{1}{p}}\leqslant\left(\int_E |f(x)|^p\,\mathrm{d}m\right)^{\frac{1}{p}}+\left(\int_E |g(x)|^p\,\mathrm{d}m\right)^{\frac{1}{p}}.$$

定理得证. □

定理 6.1.2 $L^p(E)(p\geqslant 1)$ 是 Banach 空间.

证明 设 $\{f_k\}$ 是 $L^p(E)$ 中的一个 Cauchy 列, 则对任意 $\varepsilon>0$, 存在 k_0, 使得当 $k\geqslant k_0$ 时

$$\| f_k-f_{k_0}\|<\varepsilon.$$

故对任意的 $i\in\mathbb{N}_+$, 存在 k_i, 使得当 $k\geqslant k_i$ 时

$$\|f_k-f_{k_i}\|<\frac{1}{2^i},$$

而且可以取 $k_{i+1}>k_i\ (i=1,2,\cdots)$. 这样就得到 $\{f_k\}$ 的一个子列 $\{f_{k_i}\}$, 使得

$$\|f_{k_{i+1}}-f_{k_i}\|<\frac{1}{2^i},\quad i=1,2,\cdots.$$

从而当 $E_1\subset E$, $mE_1<+\infty$ 时, 有

$$\int_{E_1}|f_{k_{i+1}}(x)-f_{k_i}(x)|\,\mathrm{d}m\leqslant(mE_1)^{\frac{1}{q}}\|f_{k_{i+1}}-f_{k_i}\|.$$

由 Fatou 引理可知

$$\begin{aligned}
&\int_{E_1}\left(\sum_{i=1}^{\infty}|f_{k_{i+1}}(x)-f_{k_i}(x)|\right)\mathrm{d}m\\
=&\int_{E_1}\lim_{k\to\infty}\sum_{i+1}^{k}\left|f_{k_{i+1}}(x)-f_{k_i}(x)\right|\mathrm{d}m\\
\leqslant&\lim_{k\to\infty}\int_{E}\sum_{i=1}^{k}\left|f_{k_{i+1}}(x)-f_{k_i}(x)\right|\mathrm{d}m\\
=&\lim_{k\to\infty}(mE_1)^{\frac{1}{q}}\sum_{i=1}^{k}\|f_{k_{i+1}}-f_{k_i}\|\\
=&(mE_1)^{\frac{1}{q}}\sum_{i=1}^{\infty}\frac{1}{2^k}\\
=&(mE_1)^{\frac{1}{q}}<+\infty,
\end{aligned}$$

这说明级数

$$\sum_{i=1}^{\infty}|f_{k_{i+1}}(x)-f_{k_i}(x)|$$

在 E_1 上几乎处处收敛，再由 $E_1\subset E$ 的取法可推知，这个级数在 E 上几乎处处收敛，从而知级数

$$f_{k_1}(x)+\sum_{i=1}^{\infty}\left(f_{k_{i+1}}(x)-f_{k_i}(x)\right)$$

在 E 上几乎处处收敛，亦即函数列 $\{f_{k_i}\}$在 E 上几乎处处收敛. 设

$$f(x)=\lim_{i\to\infty}f_{k_i}(x)$$

在 E 上几乎处处成立.

由于对任意 $\varepsilon>0$, 存在 $k_0\in\mathbb{N}_+$, 使当 $l,k\geqslant k_0$ 时, $\|f_k-f_l\|<\varepsilon$, 故当 $k\geqslant k_0$ 时，由 Fatou 引理知

$$\int_E\lim_{i\to\infty}|f_k(x)-f_{k_i}(x)|^p\ \mathrm{d}m\leqslant\lim_{i\to\infty}\int_E|f_k(x)-f_{k_i}(x)|^p\,\mathrm{d}m\leqslant\varepsilon^p,\qquad(6.1.1)$$

从而知 $k\geqslant k_0$ 时, 有

$$\int_E\|f_k(x)-f(x)|^p\mathrm{d}m\leqslant\varepsilon,$$

即

$$f_k-f\in L^p(E),$$

故

$$f=(f-f_k)+f_k\in L^p(E),$$

且

$$\|f_k - f\| \to 0, \quad k \to \infty. \qquad \square$$

上述定理表明, 在 Lebesgue 积分意义下构成的距离空间 $(L^p[a,b],d)$ 是完备的.

空间 $L^p(E)$ 中的序列的收敛性与依测度收敛有如下关系:

定理 6.1.3 设 $f_k \in L^p(E), f \in L^p(E)$. 如果 $\lim\limits_{k\to\infty} \|f_k - f\| = 0$, 则 $\{f_k\}$ 在 E 上依测度收敛于 f.

证明 对任意 $\sigma > 0$, 记

$$A_k(\sigma) = \{x||f_k(x) - f(x)| \geqslant \sigma\},$$

则

$$\begin{aligned} m(A_k(\sigma))\sigma^p &\leqslant \int_{A_k(\sigma)} |f_k(x) - f(x)|^p \, \mathrm{d}x \\ &\leqslant \int_E |f_k(x) - f(x)|^p \, \mathrm{d}x \\ &= \|f_k(x) - f(x)\|^p. \end{aligned}$$

可推知

$$\lim_{k\to\infty} m(A_k(\sigma)) = 0,$$

即 f_k 在 E 上依测度收敛于 f. $\square$

本定理之逆不然. 请读者给出相应的例子.

在空间 L^p 中, 有一个是非常重要的, 这就是 $p = 2$ 时的空间 $L^2(E)$. 下一节我们专门讨论这个空间.

6.2 L^2 空 间

空间 $L^2(E)$ 的重要性在于它具有其他空间 $L^p(E)$ 所没有的特性. 它具有与 n 维 Euclid 空间相类似的性质.

对于 $f, g \in L^2(E)$, 记

$$\langle f, g\rangle = \int_E f(x)g(x)\mathrm{d}x.$$

则相应的 Hölder 不等式可写为

$$|\langle f, g\rangle| \leqslant \|f\|_2 \|g\|_2.$$

容易验证 $\langle \cdot, \cdot \rangle$ 具有下列内积所要求的性质:

(1) $\langle f,g\rangle=\langle g,f\rangle$;

(2) $\langle f_1+f_2,g\rangle=\langle f_1,g\rangle+\langle f_2,g\rangle$;

(3) $\langle af,g\rangle=a\langle f,g\rangle=\langle f,ag\rangle, a$ 是实数;

我们称 $\langle f,g\rangle$ 为 f 与 g 的 (实) 内积, 而

$$\|f\|_2=\sqrt{\langle f,f\rangle}$$

为 f 的范数, 并且 $(L^2(E),\|\cdot\|_2)$ 完备, 故称 $L^2(E)$ 为完备的内积空间. 完备的内积空间也称为 Hilbert 空间.

定理 6.2.1　若在 $L^2(E)$ 中 $f_k\to f\ (k\to\infty)$, 则对任意的 $g\in L^2(E)$ 有

$$\lim_{k\to\infty}\langle f_k,g\rangle=\langle f,g\rangle.$$

证明　由不等式

$$|\langle f_k,g\rangle-\langle f,g\rangle|=|\langle f_k-f,g\rangle|\leqslant\|f_k-f\|_2\|g\|_2$$

立即可知定理成立. □

定义 6.2.1　若 $f,g\in L^2(E)$ 且 $\langle f,g\rangle=0$, 则称 f 与 g 正交; 若 $\{\phi_\alpha\}\subset L^2(E)$ 中任意的两个元都正交, 则称 $\{\phi_\alpha\}$ 是 正交系; 若正交系 $\{\phi_\alpha\}$ 中, 对一切 α 都有 $\|\phi_\alpha\|=1$ 则称 $\{\phi_\alpha\}$ 为 $L^2(E)$ 中的 标准正交系.

若在正交系 $\{\phi_\alpha\}\subset L^2(E)$ 中, 对一切 α 都有 $\|\phi_\alpha\|\neq 0$, 则 $\left\{\dfrac{\phi_\alpha}{\|\phi_\alpha\|_2}\right\}$ 就是标准正交系.

以下我们总假定对一切 $\alpha,\|\phi_\alpha\|_2\neq 0$.

定理 6.2.2　$L^2(E)$ 中任意标准正交系都是可数的.

证明　设 $\{\phi_\alpha\}$ 是 $L^2(E)$ 中的标准正交系, 则对于 $\alpha\neq\beta$ 有

$$\|\phi_\alpha-\phi_\beta\|_2^2=\langle\phi_\alpha-\phi_\beta,\phi_\alpha-\phi_\beta\rangle=\langle\phi_\alpha,\phi_\alpha\rangle+\langle\phi_\beta,\phi_\beta\rangle=2.$$

因为 $L^2(E)$ 是可分空间, 所以存在可数稠密集, 又每个 $\|\phi_\alpha\|\neq 0$ 因而 $\{\phi_\alpha\}$ 是可数的. □

我们知道, 在 $\mathbb{R}^n$ 中, 当 $\boldsymbol{e}_1,\boldsymbol{e}_2,\cdots,\boldsymbol{e}_{\boldsymbol{n}}$ 是单位正交向量时, 任意 $x\in\mathbb{R}^n$ 可唯一地表示为

$$x=c_1\boldsymbol{e}_1+c_2\boldsymbol{e}_2+\cdots+c_n\boldsymbol{e}_{\boldsymbol{n}},$$

其中 $c_k=\langle x,\boldsymbol{e}_{\boldsymbol{k}}\rangle\ (k=1,2,\cdots,n)$.

容易验证下列事实:

(1) 对任意 $a_1,\cdots,a_k\in\mathbb{R}$, $k\leqslant n$,

$$\left\|x-\sum_{i=1}^k c_i\boldsymbol{e_i}\right\|\leqslant\left\|x-\sum_{i=1}^k a_i\boldsymbol{e_i}\right\|;$$

(2) $\|x\|^2=\sum\limits_{i=1}^n|c_i|^2$.

下面考虑 $L^2(E)$ 中的相应问题:

若 $\{\phi_k\}$ 是 $L^2(E)$ 中的一个标准正交系, 则对 $f\in L^2(E)$, 记 $c_k=\langle f,\phi_k\rangle, k=1,2,\cdots$, 称 $\{c_k\}$ 为 f 关于 $\{\phi_k\}$ 的广义 Fourier 系数.

(1) 对任意 $a_1,\cdots,a_k\in\mathbb{R}$, 是否有 $\left\|f-\sum\limits_{i=1}^k c_i\phi_i\right\|\leqslant\left\|f-\sum\limits_{i=1}^k a_i\phi_i\right\|$?

(2) 是否有 $\|f\|^2=\sum\limits_{k=1}^\infty|c_k|^2$?

对于问题 (1), 回答是肯定的.

定理 6.2.3 若 $f\in L^2(E), c_i=\langle f,\phi_i\rangle$, $i=1,\cdots,k$. 则对任意 $a_1,\cdots,a_k$, 都有

$$\left\|f-\sum_{i=1}^k c_i\phi_i\right\|\leqslant\left\|f-\sum_{i=1}^k a_i\phi_i\right\|.$$

证明 由 $\{\phi_i\}$ 的标准正交性可知, 对

$$S_k=\sum_{i=1}^k a_i\phi_i,$$

$$\|S_k\|_2^2=\langle S_k,S_k\rangle=\sum_{i=1}^k a_i^2,$$

得

$$\begin{aligned}\|f-S_k\|_2^2&=\left\langle f-\sum_{i=1}^k a_i\phi_i, f-\sum_{i=1}^k a_i\phi_i\right\rangle\\&=\|f\|_2^2-2\sum_{i=1}^k a_ic_i+\sum_{i=1}^k a_i^2\\&=\|f\|_2^2+\sum_{i=1}^k(c_i-a_i)^2-\sum_{i=1}^k c_i^2,\end{aligned}$$

$$\|f-\sum_{i=1}^k c_i\phi_i\|_2^2=\left\langle f-\sum_{i=1}^k c_i\phi_i, f-\sum_{i=1}^k c_i\phi_i\right\rangle$$

$$
\begin{aligned}
&=\|f\|_2^2 - 2\sum_{i=1}^{k} c_i^2 + \sum_{i=1}^{k} c_i^2 \\
&=\|f\|_2^2 - \sum_{i=1}^{k} c_i^2,
\end{aligned}
$$

故定理结论成立. □

为了回答问题 (2) , 先引入完全正交系的概念.

定义 6.2.2 设 $\{\phi_k\}$ 是 $L^2(E)$ 中的正交系, 若 $L^2(E)$ 中不再存在非零元能与一切 ϕ_k 正交, 则称此 $\{\phi_k\}$ 是 L^2 中的完全正交系. 换句话说, 若 $f \in L^2(E)$ 且 $\langle f, \phi_k\rangle = 0 (k=1,2,\cdots)$, 则必有 $f(x)=0$ a.e. 于 E.

定理 6.2.4(Bessel 不等式) 设 $\{\phi_k\}$ 是 $L^2(E)$ 中的标准正交系, 且 $f \in L^2(E)$, 则 $f(x)$ 的广义 Fourier 系数 $\{c_k\}$ 满足

$$
\sum_{k=1}^{\infty} c_k^2 \leqslant \|f\|_2^2.
$$

证明 从上述定理可知, 对任意的 k 有

$$
\|f\|_2^2 - \sum_{i=1}^{k} c_i^2 = \|f - S_k\|_2^2 \leqslant 0,
$$

从而有

$$
\sum_{i=1}^{k} c_i^2 \leqslant \|f\|_2^2.
$$

令 $k \to \infty$ 即得

$$
\sum_{i=1}^{\infty} c_k^2 \leqslant \|f\|_2^2. \qquad \square
$$

定理 6.2.5 (Riesz-Fischer 定理) 设 $\{\phi_k\}$ 是 $L^2(E)$ 中的标准正交系, 若 $\{c_k\}$ 是满足

$$
\sum_{k=1}^{\infty} c_k^2 < \infty
$$

的任一实数列, 则存在 $g \in L^2(E)$, 使得

$$
\langle g, \phi_k\rangle = c_k, \quad k=1,2,\cdots.
$$

证明 作函数

$$
S_k(x) = \sum_{i=1}^{k} c_i\phi_i(x),
$$

显然有

$$\|S_{k+p}-S_k\|_2^2=\|\sum_{i=k+1}^{k+p}c_i\phi_i\|_2^2=\sum_{i=k+1}^{k+p}c_i^2.$$

由此可知 $\{S_k\}$ 是 $L^2(E)$ 中的基本列. 根据 $L^2(E)$ 的完备性, 存在 $g\in L^2(E)$, 使得

$$\lim_{k\to\infty}\|g-S_k\|_2=0.$$

由此又知 $\langle g,\phi_k\rangle=c_k, k=1,2,\cdots$.

从上述定理可知, 对任意的 k 有

$$\|f\|_2^2-\sum_{i=1}^{k}c_i^2=\|f-S_k\|_2^2\leqslant 0,$$

从而有

$$\sum_{i=1}^{k}c_i^2\leqslant\|f\|_2^2.$$

令 $k\to\infty$ 即得

$$\sum_{i=1}^{\infty}c_k^2\leqslant\|f\|_2^2.$$

□

定理 6.2.6 $\{\phi_k\}$ 是 $L^2(E)$ 中的标准正交系, 则下列条件等价:

(1) $\{\phi_k\}$ 是完全的;

(2) (Parseval 等式) $\sum_{i=1}^{\infty}|c_k|^2=\|f\|^2$;

(3) (可展性) 对任意 $f\in L^2(E)$,

$$f(x)=\lim_{k\to\infty}\sum_{i=1}^{k}\langle f,\phi_k\rangle\phi_k(x)$$

在 E 上几乎处处成立.

证明 (1)⇒ (3)

作函数

$$S_k(x)=\sum_{i=1}^{k}c_i\phi_i(x),$$

显然有

$$\|S_{k+p}-S_k\|_2^2=\|\sum_{i=k+1}^{k+p}c_i\phi_i\|_2^2=\sum_{i=k+1}^{k+p}c_i^2.$$

由此可知 $\{S_k\}$ 是 $L^2(E)$ 中的基本列. 根据 $L^2(E)$ 的完备性, 存在 $g \in L^2(E)$ 使得

$$\lim_{k\to\infty} \|g - S_k\|_2 = 0.$$

由此又知 $\langle g, \phi_k \rangle = c_k, k = 1, 2, \cdots$.

假定

$$\lim_{k\to\infty} \|\sum_{i=1}^{k} c_i\phi_i - g\|_2 = 0, \quad g \in L^2(E),$$

则 $\langle g, \phi_i \rangle = c_i, i = 1, 2, \cdots$, 从而可知

$$\langle f - g, \phi_i \rangle = \langle f, \phi_i \rangle - \langle g, \phi_i \rangle = 0, \quad i = 1, 2, \cdots.$$

因为 $\{\phi_i\}$ 是完全正交系, 所以由定义知

$$f(x) - g(x) = 0, \quad \text{a.e. } x \in E,$$

这说明 (3) 成立.

其余留作练习. □

$L^2[a,b]$ 的可分性是一个重要的性质, 这一性质可由如下定理得到.

定理 6.2.7　设 $f \in L^2[a,b]$, 则对任意 $\varepsilon > 0$, 都存在多项式 p, 使得 $\|f - p\| < \varepsilon$
.

证明　证明分为三步.

首先证明存在有界可测函数 g, 使得 $\|f - g\| < \dfrac{\varepsilon}{3}$.

记 $E = [a,b]$. 由点集序列

$$E(|f| > 1) \supseteq E(|f| > 2) \supseteq \cdots,$$

以及 $f \in L^2[a,b]$ 可知, 在 $[a,b]$ 上 $f(x)$ a. e. 有限. 因此

$$\lim_{n\to\infty} mE(|f| > n) = m \lim_{n\to\infty} E(|f| > n) = mE(|f| = +\infty) = 0.$$

这里, $E(|f| > n) = \{x | x \in E, |f(x)| > n\}$, 以下同.

又由于 Lebesgue 积分的绝对连续性可知, 存在 $\delta > 0$, 使得对含于 $[a,b]$ 中的任一可测子集 Δ, 当 $m\Delta < \delta$ 时, 有

$$\int_\Delta [f(x)]^2 \mathrm{d}m < \frac{\varepsilon^2}{9}.$$

现取 n 充分大, 使得 $mE(|f| > n) < \delta$, 引入有界可测函数 g:

$$g(x) = \begin{cases} 0, & |f(x)| > n; \\ f(x), & |f(x)| \leqslant n; \end{cases}$$

经计算得

$$\begin{aligned}\|f-g\|^2 &= \int_{E(|f|\leqslant n)} |f(x)-g(x)|^2\mathrm{d}m + \int_{E(|f|>n)} |f(x)-g(x)|^2\mathrm{d}m \\ &= \int_{E(|f|>n)} f^2(x)\mathrm{d}m < \frac{\varepsilon^2}{9}.\end{aligned}$$

这就表明确实存在有界可测函数 g, 使得 $\|f-g\| < \dfrac{\varepsilon}{3}$.

其次证明对有界可测函数 $g(x)$, 存在连续函数 $\phi(x)$, 使得 $\|g-\phi\| < \dfrac{\varepsilon}{3}$.

事实上, 取 $\delta_0 = \dfrac{\varepsilon^2}{36n^2}$, 根据 Lusin 定理知, 存在闭集 $F \subset E$, 使得 $m(E\backslash F) < \delta_0$, 并且 $g(x)$ 在 F 上连续. 再由定理 1.7.6 知, 存在 E 上的连续函数 $\phi(x)$ 满足条件 $|\phi| < n$ 且 $E(g \neq \phi) \subset E \setminus F$, 因而得到

$$\begin{aligned}\|g-\phi\|^2 &= \int_{E(g=\phi)} |g(x)-\phi(x)|^2\mathrm{d}m + \int_{E(g\neq\phi)} |g(x)-\phi(x)|^2\mathrm{d}m \\ &\leqslant \int_{E(g\neq\phi)} (2n)^2\mathrm{d}m \\ &= (2n)^2 mE(g\neq\phi) < \frac{\varepsilon^2}{9}.\end{aligned}$$

这就表明有连续函数 ϕ, 使得 $\|g-\phi\| < \dfrac{\varepsilon}{3}$.

最后由数学分析中的 Weierstrass 逼近定理可知, 对上述的 $\varepsilon > 0$ 及连续函数 ϕ, 存在多项式函数 p, 使对任意的 $x \in [a,b]$, 都有

$$|\phi(x)-p(x)| < \frac{\varepsilon}{3\sqrt{b-a}},$$

从而有

$$\|\phi-p\|^2 = \int_a^b |\phi(x)-p(x)|^2\mathrm{d}x < \frac{\varepsilon^2}{9}.$$

亦即 $\|\phi-p\| < \dfrac{\varepsilon}{3}$.

综合上述推证可得

$$\|f-p\| \leqslant \|f-g\| + \|g-\phi\| + \|\phi-p\| < \varepsilon. \qquad \square$$

这个定理说明, $[a,b]$ 上的多项式全体在 $L^2[a,b]$ 中是稠密的.

习　题　6.2

1. 设 $f, g \in L^2(E)$, 则有 (平行四边形公式)

$$\|f+g\|^2 + \|f-g\|^2 = 2(\|f\|^2 + \|g\|^2).$$

2. 设 $\|f_k - f\| \to 0, \|g_k - g\| \to 0 (k \to \infty)$, 证明:

$$|\langle f_k, g_k \rangle - \langle f, g \rangle| = 0, \quad k \to \infty.$$

3. 设 $\|f\|_2 = \|g\|_2$, 证明: $\langle f+g, f-g \rangle = 0$.

4. 设 $\|f_k\|_2 \to \|f\|_2, \langle f_k, f \rangle \to \|f\|_2^2 \ (k \to \infty)$, 证明:

$$\|f_k - f\|_2 \to 0, \quad k \to \infty.$$

5. 证明: $\{\sin kx\}$ 是 $L^2([0, \pi])$ 中的完全正交系.

6. 设 $f \in L^1([-\pi, \pi]), \{\phi_k(x)\}$ 是 $(-\pi, \pi]$ 上的三角函数系,

$$\int_{-\pi}^{\pi} f(x)\phi_k(x) \mathrm{d}x = 0, \quad k = 1, 2, \cdots,$$

证明: $f(x) = 0$ a.e. 于 $[-\pi, \pi]$.

7. 设 $\{\phi_i(x)\}$ 是 $L^2(A)$ 中的完全标准正交系, $\{\phi_k(x)\}$ 是 $L^2(B)$ 中完全标准正交系, 证明:

$$\{f_{i,k}(x, y)\} = \{\phi_i(x) \cdot \phi_k(y)\}$$

是 $L^2(A \times B)$ 中的完全系.

8. 设 $\{\phi_k(x)\}$ 是 $L^2(E)$ 中标准正交系, $f \in L^2(E)$, 证明:

$$\lim_{k \to \infty} \int_E f(x)\phi_k(x) \mathrm{d}x = 0.$$

习题参考答案或提示

第 1 章

习题 1.1

4. $[0,4]$

5. $\overline{\lim_{k\to\infty}} E_k = A\bigcup B$, $\underline{\lim_{k\to\infty}} E_k = A\bigcap B$, 只有当 $A=B$ 时, 集列有极限.

7. 提示: A 是 E 的子集, A 中所含元素的个数为 k, 则必有 $0 \leqslant k \leqslant n$. E 的幂集所含元素为

$$C_n^0 + C_n^1 + \cdots + C_n^n = 2^n.$$

8. 证明: 对任给的 $x \in E_k$, 则 $f_k(x) > t$. 由于 $\{f_k\}$ 为递升函数列, 故

$$f_{k+1}(x) \geqslant f_k(x) > t,$$

即 $x \in E_{k+1}$, 所以 $E_k \subseteq E_{k+1}, k = 1, 2, \cdots$, 即 $\{E_k\}$ 为单调递升集列, 故

$$\lim_{k\to\infty} E_k = \bigcup_{k=1}^{\infty} E_k.$$

对任给的 $x \in E$, 则有 $f(x) > t$, 又因为 $\{f_k\} \uparrow f$, 故存在 $k_0 \in \mathbb{N}_+$, 使得当 $k \geqslant k_0$ 时, $t < f_k(x) \leqslant f(x)$, 即

$$x \in E_k \subseteq \bigcup_{k=1}^{\infty} E_k = \lim_{k\to\infty} E_k,$$

故

$$E \subseteq \lim_{k\to\infty} E_k.$$

又对任给的 $x \in \lim_{k\to\infty} E_k = \bigcup_{k=1}^{\infty} E_k \Rightarrow$ 存在k, 使得 $x \in E_k \Rightarrow$ 存在$k, f_k(x) > t$. 由 $\{f_k\} \uparrow f(x)$, 故

$$f(x) \geqslant f_k(x) > t \Rightarrow x \in E,$$

故 $\lim_{k\to\infty} E_k \subseteq E$.

综上所述, $\lim_{k\to\infty} E_k = E$

9. 证明: $(1)\forall x \in D \Rightarrow f_k(x) \nrightarrow f(x)(k \to \infty)$

$$\begin{aligned}
&\Rightarrow \text{存在}k \in \mathbb{N}_+, \text{使得对任给的}i_0 \in \mathbb{N}_+, \text{存在}i > i_0,\\
&\quad\ \text{使}|f_i(x) - f(x)| \geqslant \frac{1}{k}\\
&\Rightarrow \text{存在}k \in \mathbb{N}_+, \text{对任给的}i_0 \in \mathbb{N}_+, \text{存在}i > i_0, \text{使}x \in E_i(k)\\
&\Rightarrow \text{存在}k \in \mathbb{N}_+, x \in \bigcap_{i_0=1}^{\infty} \bigcup_{i=i_0}^{\infty} E_i(k) = \overline{\lim_{i\to\infty}} E_i(k)\\
&\Rightarrow x \in \bigcup_{k=1}^{\infty} \overline{\lim_{i\to\infty}} E_i(k),
\end{aligned}$$

即 $D\subseteq\bigcup\limits_{k=1}^{\infty}\overline{\lim\limits_{i\to\infty}}E_i(k)$.

$$\begin{aligned}(2)\forall x\in\bigcup_{k=1}^{\infty}\overline{\lim_{i\to\infty}}E_i(k)&\Rightarrow 存在k\in\mathbb{N}_+,x\in\overline{\lim_{i\to\infty}}E_i(k)=\bigcap_{j=1}^{\infty}\bigcup_{i=j}^{\infty}E_i(k)\\&\Rightarrow 存在k\in\mathbb{N}_+,对任给的j\in\mathbb{N}_+,存在i>j,使x\in E_i(k)\\&\Rightarrow 存在k\in\mathbb{N}_+,对任给的j\in\mathbb{N}_+,存在i>j,|f_i(x)-f(x)|\geqslant\frac{1}{k}\\&\Rightarrow x\in D\end{aligned}$$

即 $D\supseteq\bigcup\limits_{k=1}^{\infty}\overline{\lim\limits_{i\to\infty}}E_i(k)$.

结合 (1), (2) 得, $D=\bigcup\limits_{k=1}^{\infty}\overline{\lim\limits_{i\to\infty}}E_i(k)$.

习题 1.2

1. 证明: $\overline{\overline{\mathcal{P}(E)}}=2^{10}=1024$. 故对任给的 $A\subset E,10\leqslant\sum\limits_{x\in A}x\leqslant 945$. 记

$$M=\left\{\sum_{x\in A}x|A\subset E\right\},$$

则 $\overline{\overline{M}}\leqslant 936$. 定义 $\phi:\mathcal{P}(E)\to M$, 即 $\phi:A\mapsto\sum\limits_{x\in A}x$ 不是单射, 从而存在 A_1,B_1 使得 $\phi(A_1)=\phi(B_1)$, 即 $\sum\limits_{x\in A_1}x=\sum\limits_{x\in B_1}x$. 记

$$A=A_1\setminus(A_1\bigcap B_1),\quad B=B_1\setminus(A_1\bigcap B_1),$$

仍有 $\sum\limits_{x\in A}x=\sum\limits_{x\in B}x$, 且 A,B 仍是 E 的子集, 且 $A\bigcap B\neq\varnothing$.

4. 提示: A 不是单元素集, 则 A 中至少包含两个元素 a_1,a_2, 只需作映射 ψ, 使得 $\psi(a_1)=\phi(a_2)$, $\psi(a_2)=\phi(a_1)$, 而其他元素的像同 ϕ 即可.

5. 举例: $X=Y=R$, $f(x)=0,x\in X$, 取 $A=[-1,1]$, 则 $f(A)=\{0\}$, $f^{-1}(A)=X$, $f(f^{-1}(A))=\{0\}\subsetneq A$, $f^{-1}(f(A))=X\supsetneq A$.

习题 1.3

1. 提示: 若 x_0 是 $f(x)$ 的一个间断点, 则有

$$f(x_0-0)<f(x_0+0).$$

因此, x_0 对应一个开区间 $(f(x_0-0),f(x_0+0))$ 且不同的两个间断点对应的开区间不相交.

2. 提示: 整系数多项式全体可列, 每个整系数多项式有有限个根.

3. 证明: A 是无限集, 所以存在可列子集 $A_0=\{x_1,\cdots,x_n,\cdots\}$, 取 $B=\{x_2,x_4,\cdots\}$, 则

$$A\setminus A_0\sim A\setminus A_0,\quad A_0\sim A_0\setminus B,$$
$$A=(A\setminus A_0)\bigcup A_0\sim(A\setminus A_0)\bigcup(A_0\setminus B)=A\setminus B.$$

4. 提示：每一个开区间中取一有理数，得到一个有理数集 $\mathbb{Q}$ 的子集. 注意到开区间互不相交，所对应的有理数互不相同.

5. 提示：记

$$\mathbb{N}_+^n = \mathbb{N}_+ \times \mathbb{N}_+ \times \cdots \times \mathbb{N}_+(n\text{个}),$$

则 $\mathbb{N}_+$ 的有限子集全体所成集合与 $\bigcup\limits_{n=1}^{\infty} \mathbb{N}_+^n$ 对等.

习题 1.4

1. 证明：设 A 是可列集，则 $\overline{\overline{A}} = \aleph_0$，考虑特征函数

$$X_A(x) = \begin{cases} 1, & x \in A; \\ 0, & x \notin A; \end{cases}$$

则 $\{0,1\}^A$ 是所有定义在 A 上的特征函数所构成的集合,

$$\overline{\overline{\{0,1\}^A}} = c,$$

对 A 的每一个子集均对应着一个特征函数，反之也成立，故 $\mathcal{P}(A) \sim \{0,1\}^A$ ，即 $\overline{\overline{\mathcal{P}(A)}} = c$.

3. c

4. $\geqslant 2^c$

5. 证明：实数列全体记作 R^∞，以 B 记 R^∞ 中适合 $0 < x_n < 1(n=1,2,\cdots)$ 的点列 $\{x_1,\cdots,x_n,\cdots\}$ 的全体. 记 $x=\{x_1,\cdots,x_n,\cdots\}, x \in B$，作映射 $f: B \to R^\infty$,

$$x \mapsto \left\{\tan\left(x_1 - \frac{1}{2}\right)\pi, \cdots, \tan\left(x_n - \frac{1}{2}\right)\pi, \cdots, \right\},$$

则 f 是从 B 到 R^∞ 的双射，所以 $\overline{\overline{B}} = \overline{\overline{R^\infty}}$.

将 $(0,1)$ 中任何 x 与 B 中点 $\tilde{x} = \{x,\cdots,x,\cdots\}$ 对应，即知 $(0,1)$ 对等 B 的一个子集，故 $\overline{\overline{B}} \geqslant \overline{\overline{(0,1)}}$，又对 B 中任一 $x = \{x_1,\cdots,x_n,\cdots\}$，用十进位数表示每个 x_n，可得 B 与 $(0,1)$ 的一个子集对等，即 $\overline{\overline{B}} \leqslant \overline{\overline{(0,1)}}$，故 $\overline{\overline{B}} = \overline{\overline{(0,1)}} = c$，从而 $\overline{\overline{R^\infty}} = c$.

6. 提示：每个有界开区间 (a,b) 对应 R^2 中一个点 (a,b).

7. 提示：每个由 0, 1 组成的数列对应 $[0,1]$ 中的一个二进制小数.

8. 提示：该集合与 3 题中的集合对等.

习题 1.5

1. 提示：自然数列 $\{n\}$ 按此定义的距离是 Cauchy 列，但是不收敛.

习题 1.6

1. 提示：$x_0 \in E' \Leftrightarrow$ 对任给的$k \in \mathbb{N}$, 存在$x_k \in E\bigcup U\left(x_0, \dfrac{1}{k}\right)$ 且 $x_k \neq x_1,\cdots,x_{k-1}$.

2. 解：$E = U\left((1,1);\dfrac{1}{2}\right) \bigcup \left\{\left(\dfrac{1}{n},0\right) | n=1,2,\cdots\right\}$,

$$E' = \bar{U}\left((1,1);\frac{1}{2}\right) \bigcup \{(0,0)\},$$

$$(E')' = \bar{U}\left((1,1);\frac{1}{2}\right), \text{故 } (E')' \subsetneq E'.$$

3. 解: $E_1' = [0,1]$, $\text{int}E_1 = \varnothing$, $\overline{E}_1 = [0,1]$. $E_2' = \{0\}\times[0,1]$, $\text{int}E_2 = \varnothing$, $\overline{E}_2 = \{0\}\times[0,1]$.

4. $E' = E\bigcup(\{0\}\times[-1,1])$, $\text{int}E = \varnothing$, $\overline{E} = E'$.

7. 证明: **充分性** E 无孤立点, 有 $E \subset E'$, 只需证明 $E' \subset E$. 对任意的 $x \in E'$, 由习题 1, 存在 E 中点列 $\{x_k\}$, $\lim\limits_{k\to\infty} x_k = x$, $\{x_k\}$ 为 E 中的 Cauchy 列. 由假设在 E 中收敛, 而极限唯一, 所以 $x \in E$.

必要性 E 是完全集, 则 E 是自密闭集, E 无孤立点, 且 $E' \subset E$. 设 $\{x_k\}$ 是 E 中任一 Cauchy 列, 由 $\mathbb{R}^n$ 完备知 $\{x_k\}$ 收敛, 令 $x = \lim\limits_{k\to\infty} x_k$, 则 $x \in E' \subset E$. 即 $\{x_k\}$ 在 E 中收敛.

8. 提示: 将 $(0,1]$ 中的点用三进制小数表示, 并且不取某一项后全为 0 的形式, 则表示方法唯一, 即 $x \in (0,1]$, 有

$$x = \sum_{i=1}^{\infty} \frac{a_i}{3^i},$$

记 $x = 0.a_1a_2\cdots a_n\cdots$, $a_i = 0,1,2$, $i = 1,2,\cdots$, C 中的点为

$$x = 0.a_1a_2\cdots a_n\cdots, \quad a_i = 0,2, i = 1,2,\cdots,$$

这样, 将 $(0.1]$ 中的点用二进位小数表示

$$y = \frac{b_1}{2} + \frac{b_2}{2^2} + \cdots = 0.b_1b_2\cdots, \quad b_i = 0,1, i = 1,2,\cdots$$

同样不取某一位后全为 0 的形式. 作映射 $C \to (0,1]$,

$$x = 0.a_1a_2\cdots \mapsto y = 0.b_1b_2\cdots, b_i = \begin{cases} 0, & a_i = 0; \\ 1, & a_i = 2; \end{cases}$$

则 $C \sim (0,1]$.

习题 1.7

2. 隔离性定理的推广: 假设 A, B 是 R^n 中的两个非空闭集, 其中之一有界且 $A\bigcap B = \varnothing$, 则存在不相交的开集 G_1, G_2, 使得 $A \subset G_1, B \subset G_2$. 证明提示: 由定理 1.7.3, 知 $d(A,B) > 0$.

3. 提示: 取 $f_1(x) = \begin{cases} \frac{3}{2}x, & x \in \left[0,\frac{1}{3}\right); \\ \frac{1}{2}, & x \in \left[\frac{1}{3},\frac{2}{3}\right]; \\ \frac{3}{2}x - \frac{1}{2}, & x \in \left(\frac{2}{3},1\right]; \end{cases}$ f_2 类似.

第 2 章

习题 2.1

1. 提示: (1) 若 E 有界, 则 $E \subset [a,b]$. 定义

$$f(x) = m^*(E\bigcap[a,x]), \quad x \in [a,b].$$

则 f 在 $[a,b]$ 上连续, 且

$$f(a)=0,\quad f(b)=m^*E.$$

对 $0<t<m^*E$, 由介值定理知, 存在 $x_0\in[a,b], f(x_0)=t, A=E\bigcap[a,x_0]$ 即可.

(2) 若 E 无界, 可令 $E_k=E\bigcap[-k,k]$, 则

$$E=\bigcup_{k=1}^{\infty}E_k \quad 且 \quad m^*E=\lim_{k\to\infty}m^*E_k,$$

对 $0<t<m^*E$, 存在 $k:0<t<m^*E_k$, 由 (1) 即可证明.

2. 提示: 对每个 $x\in E$, 有 $\delta_x>0$,

$$m^*(E\bigcap U(x,\delta_x))=0,\quad E\subset\bigcup_{x\in E}U(x,\delta_x).$$

由可数覆盖定理知, 存在 E 中点列 $x_1,x_2,\cdots$, 使得 $E\subset\bigcup\limits_{k=1}^{\infty}U(x_k,\delta_{x_k})$,

$$m^*(E)=m^*(\bigcup_{k=1}^{\infty}(E\bigcap U(x_k,\delta_{x_k})))\leqslant\sum_{k=1}^{\infty}m^*(E\bigcap U(x_k,\delta_{x_k}))=0.$$

习题 2.2

1. 提示: 由 $\mathbb{R}^n$ 的基数为 c, 可测集 $\mathcal{M}$ 的基数不大于 2^c, 取基数为 c 的零测度集 (如 Cantor 集 c), 其所有子集均为可测集 (零测度集), 所以 $\mathcal{M}$ 的基数不小于 2^c.

2. 提示: $\varliminf\limits_{k\to\infty}E_k=\bigcup\limits_{i=1}^{\infty}\bigcap\limits_{k=i}^{\infty}E_k$, $\varlimsup\limits_{k\to\infty}E_k=\bigcap\limits_{i=1}^{\infty}\bigcup\limits_{k=i}^{\infty}E_k$. $m(\varliminf\limits_{k\to\infty}E_k)\leqslant\varliminf\limits_{k\to\infty}mE_k$, $m(\varlimsup\limits_{k\to\infty}E_k)\geqslant\varlimsup\limits_{k\to\infty}mE_k$.

3. 提示: $A\triangle B=(A\setminus B)\bigcup(B\setminus A)$, $m(A\triangle B)=m(A\bigcup B)-m(A\bigcap B)$.

4. 提示: $\bigcap\limits_{i=1}^{k}E_i=[0,1]\setminus(\bigcup\limits_{i=1}^{k}E_i)$.

5. 提示: $m(A\bigcup B)=m((A\bigcup B)\bigcap A)+m((A\bigcup B)\bigcap A^C)=mA+m(B\bigcap A^C)$, $m(A\bigcup B)+m(A\bigcap B)=mA+m(B\bigcap A^C)+m(B\bigcap A)=mA+mB$.

6. 提示: 记 $[0,1]\bigcap\mathbb{Q}=\{r_1,r_2,\cdots,r_k,\cdots\}$. 取

$$I_k=\left(r_k-\frac{\varepsilon}{2^{k+1}},r_k+\frac{\varepsilon}{2^{k+1}}\right)\bigcap(0,1),\quad k=1,2,\cdots,$$

则 $G=\bigcup\limits_{k=1}^{\infty}I_k$ 是 $[0,1]$ 中的开集. $mG<1$, $\overline{G}=[0,1]$.

习题 2.3

1. 提示: 对任给的 $k\in\mathbb{N}$, 存在开集 $G_k\supset E$, $m^*E<mG_k<m^*E+\dfrac{1}{k}$. $H=\bigcap\limits_{k=1}^{\infty}G_k$.

2. 提示: $m^*B\leqslant m^*(A\bigcup B)\leqslant m^*A+m^*B=m^*B$, $m^*B\leqslant m^*(B\setminus A)+m^*A=m^*(B\setminus A)\leqslant m^*B$.

3. 提示: 由 $A_2=A_1\bigcup(A_2\setminus A_1)$, 证得 $m^*(A_2\setminus A_1)=0$, 则 $A_2\setminus A_1$ 可测.

4. 提示: 若 $\overline{E}\subsetneqq[0,1]$, 则存在 $x_0\in[0,1]\setminus\overline{E}$. 存在 $\delta>0, U(x_0,\delta)\bigcap\overline{E}=\varnothing$. 由 $m(U(x_0,\delta)\bigcap[0,1])>0$, 与 $mE=1$ 矛盾. 若 $\mathrm{int}E\neq 0$, 由 $x_0\in\mathrm{int}E$, 存在 $\delta>0, U(x_0,\delta)\subset E, mE>0$.

第 3 章

习题 3.1

1. 提示: 对每个实数 t, 有递增的有理数列 $\{r_k\}$, $\lim\limits_{k\to\infty} r_k = t$,

$$\{x|x \in E, f(x) \geqslant t\} = \bigcap_{k=1}^{\infty}\{x|x \in E, f(x) > r_k\}.$$

2. 提示: 对任意实数 t,

$$\{x|x \in E, x_A(x) > t\} = \begin{cases} E, & t < 0; \\ A, & 0 \leqslant t < 1; \\ \varnothing, & t \geqslant 1. \end{cases}$$

3. 提示: 设 f 在 $[a, b]$ 上连续. 只需对每个实数 t, 证明 $\{x|x \in [a, b], f(x) \leqslant t\}$ 是闭集.

4. 提示: 考查集合 $\{x|x \in E, f(x) > t\}$.

5. 提示: $f(x)$ 在 $[0, 2]$ 上与连续函数 $g(x) = -x$ 对等.

习题 3.2

1. 提示: 设 $f_{n_k}(x) \Rightarrow f(x)$, 对任给的 $\varepsilon > 0$, 由下述关系式即得.

$$\begin{aligned} &\{x|x \in E, |f_n(x) - f(x)| \geqslant \varepsilon\} \\ &\subset \left\{x|x \in E, |f_n(x) - f_{n_k}(x)| \geqslant \frac{\varepsilon}{2}\right\} \bigcup \left\{x|x \in E, |f_{n_k}(x) - f(x)| \geqslant \frac{\varepsilon}{2}\right\} \end{aligned}$$

2. $f_n(x) \Rightarrow f(x)$, 必有子列 $f_{n_k}(x) \to f(x)$ a.e. 于 E. 由 $f_k(x) \leqslant f_{k+1}(x)$ a.e. 于 E, 必有 $f_n(x) \to f(x)$ a.e. 于 E.

3. 提示: 由叶果洛夫定理, 对任给的 n, 存在 $E_n \subset [a, b]$, $m([a, b] \setminus E_n) < \dfrac{1}{n}$, 而在 E_n 上, $f_k(x) \rightrightarrows f(x)$, 由

$$m([a, b] \setminus \bigcup_{n=1}^{\infty} E_n) = m(\bigcap_{n=1}^{\infty} [a, b] \setminus E_n) \leqslant m([a, b] \setminus E_n) < \frac{1}{n}$$

得

$$m([a, b] \setminus \bigcup_{n=1}^{\infty} E_n) = 0.$$

5. 提示: 对任给的 $k \in \mathbb{N}_+$, 存在 E 的可测子集 E_k, $mE_k < \dfrac{1}{k}$, $\{f_k\}$ 在 $E \setminus E_k$ 上一致收敛于 f, 记 $E_0 = \bigcap\limits_{n=1}^{\infty} E_k$, 则 $mE_0 = 0$, 在 $E \setminus E_0$ 上 $\{f_k\}$ 收敛于 f.

习题 3.3

1. 提示: 对任给的 $k \in \mathbb{N}_+$, 存在闭集 $F_k \subset E$, $m(E \setminus E_k) < \dfrac{1}{k}$, f 在 F_k 上连续, 所以 f 在 F_k 上可测. 记 $F = \bigcup\limits_{k=1}^{\infty} F_k$, f 在 F 上可测, $m(E \setminus F) = 0$, 零测度集上的函数必可测, f 在 $F \bigcup (E \setminus F) = E$ 上可测.

第 4 章

习题 4.1

1. 提示: $\{f_k\}$ 是 E 上的非负递降函数列, 则 $\{f_1 - f_k\}$ 是 E 上的非负递升函数列, 由 Levi 定理即得.

2. 提示: 记

$$f_n(x) = \left(1+\frac{x}{n}\right)^n \mathrm{e}^{-2x}\chi_{[0,n]}(x), \quad x \in [0,+\infty),$$

则 $\{f_n\}$ 是 $[0,+\infty)$ 上的非负单调可测函数列, 且 $f_n(x) \to \mathrm{e}^{-x}, n \to +\infty$, 由 Levi 定理即得.

3. 提示: 考察 $[0,1]$ 上的函数

$$\chi_{E_i}(x) = \begin{cases} 1, & x \in E_i; \\ 0, & x \in [0,1] \setminus E_i. \end{cases}$$

记

$$f(x) = \sum_{i=1}^{k} \chi_{E_i}(x).$$

则 f 是 $[0,1]$ 上的非负可测简单函数, 且 $f(x) \geqslant s$,对任给的$x \in [0,1]$.

$$s \leqslant \int_{[0,1]} f(x)\mathrm{d}m = \int_{[0,1]} \sum_{i=1}^{k} \chi_{E_i}(x)\mathrm{d}m = \sum_{i=1}^{k} \int_{[0,1]} \chi_{E_i}(x)\mathrm{d}m = \sum_{i=1}^{k} mE_i.$$

令 $mE_j = \max\{mE_1, \cdots, mE_k\}$, 则 $mE_j \geqslant \dfrac{s}{k}$.

4. 由 $f_k(x) \leqslant f(x)$,对任给的$k \in \mathbb{N}_+$, 有

$$\int_e f_k(x)\mathrm{d}m \leqslant \int_e f(x)\mathrm{d}m, \quad \text{对任给的} k \in \mathbb{N}_+,$$

所以

$$\overline{\lim_{k\to\infty}} \int_e f_k(x)\mathrm{d}m \leqslant \int_e f(x)\mathrm{d}m.$$

反之, 由 Fatou 引理有

$$\int_e f(x)\mathrm{d}m = \int_e \lim_{k\to\infty} f_k(x)\mathrm{d}m \leqslant \underline{\lim_{k\to\infty}} \int_e f_k(x)\mathrm{d}m,$$

得

$$\underline{\lim_{k\to\infty}} \int_e f_k(x)\mathrm{d}m = \overline{\lim_{k\to\infty}} \int_e f_k(x)\mathrm{d}m = \int_e f(x)\mathrm{d}m.$$

习题 4.2

1. 例: $E = [0,1]$, $F(x) \equiv 1$, 取

$$f(x) = \begin{cases} -\dfrac{1}{x}, & x \in (0,1]; \\ 0, & x = 0; \end{cases}$$

则 f 在 E 上不可积.

2. f 在 E 上 Lebesgue 可积, 则 $|f|$ 在 E 上也是 Lebesgue 可积的,

$$kmE_k \leqslant \int_{E_k} |f(x)|\mathrm{d}m \leqslant \int_E |f(x)|\mathrm{d}m = a < +\infty,$$

即

$$mE_k \leqslant \frac{a}{k} \to 0, \quad k \to \infty.$$

3. 记 $E_0 = \{x|x \in E, f(x) > 0\}$, 对任给的 $k \in \mathbb{N}_+$, 令

$$E_k = \left\{x \middle| x \in E, f(x) > \frac{1}{k}\right\},$$

则 $E_0 = \bigcup\limits_{k=1}^{\infty} E_k$, 由

$$\begin{aligned} 0 &= \int_E f(x)\mathrm{d}m \\ &= \int_{E\setminus E_0} f(x)\mathrm{d}m + \int_{E_0} f(x)\mathrm{d}m \\ &= \int_{E_0} f(x)\mathrm{d}m \geqslant \int_{E_k} f(x)\mathrm{d}m \geqslant \frac{1}{k} mE_k \geqslant 0 \end{aligned}$$

得 $mE_k = 0$, 从而 $mE_0 = 0$, 即 $f(x) = 0$ a.e. 于 E.

4. 由题设, 在 E 上有 $f(x) < g(x)$, 所以

$$\int_E g(x)\mathrm{d}m \geqslant \int_E f(x)\mathrm{d}m.$$

若 $\int_E g(x)\mathrm{d}m = \int_E f(x)\mathrm{d}m$, 由 3 题知 $f(x) = g(x)$ a.e. 于 E, 故 $mE = 0$, 与题设不符.

习题 4.3

1. 记

$$f_n(x) = \frac{nx_{\frac{1}{2}}}{1+n^2x^2} \sin nx^5,$$

则

$$|f_n(x)| \leqslant \frac{nx_{\frac{1}{2}}}{1+n^2x^2} \leqslant \frac{1}{2\sqrt{x}}, \quad x \in [0,1],$$

且 $\lim\limits_{n\to\infty} f_n(x) = 0 = f(x)$, 记 $F(x) = \frac{1}{2\sqrt{x}}$, 则 $F(x)$ 在 $[0,1]$ 上可积. 由控制收敛定理有

$$\lim_{n\to\infty} \int_0^1 \frac{nx_{\frac{1}{2}}}{1n^2x^2} \sin nx^5 \mathrm{d}x = \int_0^1 0\mathrm{d}x = 0.$$

2. 由题设 $\lim\limits_{k\to\infty} f_k(x) = f(x)$a.e. 于 E, 由 Fatou 引理得

$$\int_E \underline{\lim_{k\to\infty}} |f_k(x)|\mathrm{d}m \leqslant \underline{\lim_{k\to\infty}} \int_E |f_k(x)|\mathrm{d}m \leqslant 2.$$

$\underline{\lim\limits_{k\to\infty}} |f_k(x)|$ 在 E 上 L-可积, $|f(x)|$ 在 E 上 L-可积, f 在 E 上 L-可积.

3. 只需证对任给的 $x_0 \in (0,+\infty), x_n \to x_0$ 时, $g(x_n) \to g(x_0)$.

对任给的 $x_0 \in (0,+\infty)$, 取 $x_n \in (0,+\infty), x_n \to x_0$. 令 $a \leqslant x_n$, 对任给的 $n \in \mathbb{N}_+$ 且 $0 < a < x$, 则有

(1) $\dfrac{f(t)}{x_n+t} \to \dfrac{f(t)}{x_0+t}, n \to \infty$, 对任给的 $t \in [0,+\infty)$,

(2) $\left\{\dfrac{f(t)}{x_n+t}\right\}$ 是关于 t 的可测函数列, 且 $\left|\dfrac{f(t)}{x_n+t}\right| \leqslant \dfrac{f(t)}{a}$.

由 $f(t)$ 的 L-可积性及控制收敛定理, 有

$$\begin{aligned}\lim_{n\to\infty} g(x_n) &= \lim_{n\to\infty}\int_{[0,+\infty)}\frac{f(t)}{x_n+t}\mathrm{d}m\\ &= \int_{[0,+\infty)}\lim_{n\to\infty}\frac{f(t)}{x_n+t}\mathrm{d}m\\ &= \int_{[0,+\infty)}\frac{f(t)}{x_0+t}\mathrm{d}m = g(x_0).\end{aligned}$$

4. 记 $f_k(x) = |f(x)|\chi_{E_k}(x)$, 则 $\{f_k\}$ 是 E 上的非负可测函数列且

$$|f_k(x)| = |f(x)|\chi_{E_k}(x) < \frac{1}{k}, \quad \text{对任给的} k \in N_+, x \in E.$$

由控制收敛定理知

$$\begin{aligned}\lim_{k\to\infty}\int_{E_k}|f(x)|\mathrm{d}m &= \lim_{k\to\infty}\int_E |f(x)|\chi_{E_k}(x)\mathrm{d}m\\ &= \int_E \lim_{k\to\infty}|f(x)|\chi_{E_k}(x)\mathrm{d}m = 0.\end{aligned}$$

5. **必要性** 由

$$f_k(x) \geqslant \sigma \Leftrightarrow \frac{f_k(x)}{1+f_x(x)} \geqslant \frac{\sigma}{1+\sigma}$$

知 $f_k(x) \Rightarrow 0$, 必有 $\dfrac{f_k(x)}{1+f_x(x)} \Rightarrow 0$, 而 $\dfrac{f_k(x)}{1+f_x(x)} \leqslant 1$, $mE < +\infty$. 由控制收敛定理知, 有

$$\lim_{k\to\infty}\int_E \frac{f_k(x)}{1+f_k(x)}\mathrm{d}m = 0.$$

充分性 对任给的 $\sigma > 0$, 记 $E_k(\sigma) = \{x \in E | f_k(x) \geqslant \sigma\}$, 则有

$$\int_E \frac{f_k(x)}{1+f_k(x)}\mathrm{d}m \geqslant \int_{E_k(\sigma)}\frac{f_k(x)}{1+f_k(x)}\mathrm{d}m \geqslant \frac{\sigma}{1+\sigma}mE_k(\sigma) \geqslant 0.$$

由已知条件知

$$\lim_{k\to\infty}\int_E \frac{f_k(x)}{1+f_k(x)}\mathrm{d}m = 0.$$

所以 $mE_k(\sigma) \to 0$, 亦即 $f_k(x) \Rightarrow 0$.

习题 4.4

1. f 在 $[0,1]$ 上处处不连续, 不是 R-可积的. 另一方面, 在 $[0,1]$ 上, $f(x) \sim x^2+1 = g(x)$, $g(x)$ 在 $[0,1]$ 上连续, 故是 R-可积、L-可积, 所以 f 在 $[0,1]$ 上 L-可积且

$$\int_{[0,1]} f(x)\mathrm{d}m = \int_{[0,1]} g(x)\mathrm{d}m = \int_0^1 g(x)\mathrm{d}x = \int_0^1 (x^2+1)\mathrm{d}x = \frac{4}{3}.$$

2. f 在 G 上连续, 所以在 $[0,1]$ 上几乎处处连续, 故是 R-可积、L-可积. $f(x) = x^2+1$ a.e. 于 $[0,1]$, 故有

$$\int_{[0,1]} f(x)\mathrm{d}m = \int_0^1 f(x)\mathrm{d}x = \int_0^1 (x^2+1)\mathrm{d}x = \frac{4}{3}.$$

3. 利用复合函数的连续性, 知 $f(f(x))$ 在 $[0,1]$ 上几乎处处连续, 故 R-可积.

第 5 章

习题 5.2

1. **充分性** 显然.

必要性 $\bigvee_a^b(f) = 0 \Rightarrow$ 对任给的$x_1, x_2 \in [a,b], a \leqslant x_1 < x_2 \leqslant b$, 有

$$0 \leqslant |f(x_1) - f(a)| + |f(x_2) - f(x_1)| + |f(b) - f(x_2)| \leqslant \bigvee_a^b(f) = 0,$$

得 $f(x_1) = f(x_2) = f(a) = f(b)$, 由 x_1, x_2 的任意性知, $f(x) \equiv C$.

2. 对 $[a,b]$ 的任一分划 $T: a = x_0 < x_1 < \cdots < x_n = b$. 由

$$\sum_{i=1}^n \big||f(x_i)| - |f(x_{i-1})|\big| \leqslant \sum_{i=1}^n |f(x_i) - f(x_{i-1})| \leqslant \bigvee_a^b(f) < +\infty$$

即得.

3. 由题设, 存在 $L > 0$, 对任给的$x, y \in [a,b], |f(x) - f(y)| \leqslant L|x-y|$. 设 $x, y \in [a,b], x < y$, 则对 $[x,y]$ 的任一分划 $T: x = x_0 < x_1 < \cdots < x_n = y$, 有

$$\sum_{i=1}^n |f(x_i) - f(x_{i-1})| \leqslant \sum_{i=1}^n L|x_i - x_{i-1}| = L(y-x) < +\infty,$$

所以

$$\bigvee_a^y(f) - \bigvee_a^x(f) = \bigvee_x^y(f) \leqslant L(y-x),$$

故 $\bigvee_a^x(f) \in \mathrm{Lip}([a,b])$.

4. 对 $[a,b]$ 的任一分划 $T: a=x_0<x_1<\cdots<x_n=b$. 由

$$\begin{aligned}\sum_{i=1}^{n}|f(x_i)-f(x_{i-1})| &= \sum_{i=1}^{n}\lim_{k\to\infty}|f_k(x_i)-f_k(x_{i-1})| \\ &= \lim_{k\to\infty}\sum_{i=1}^{n}|f_k(x_i)-f_k(x_{i-1})| \\ &\leqslant \overline{\lim_{k\to\infty}}\bigvee_a^b(f_k)\leqslant 2<+\infty,\end{aligned}$$

得 $\bigvee_a^b(f)<+\infty$.

5. 提示: 直接由定义验证 $\bigvee_a^b(f+g)\leqslant\bigvee_a^b(f)+\bigvee_a^b(g)$.

6. (1) $\frac{8\sqrt{3}}{9}$; (2) 8; (3) 7.

习题 5.3

1. 由题设, 有

$$f(x)=\int_{[a,x]}f'(t)\mathrm{d}m+f(a),\quad 对任给的x\in[a,b],$$

对 $a\leqslant x<y\leqslant b$,

$$|f(y)-f(x)|\leqslant\int_{[x,y]}|f'(t)|\mathrm{d}m\leqslant M|y-x|.$$

2. 由题设, f 在 $[a,b]$ 上绝对连续. $f'(x)$ a.e. 存在. 对任给的 $x\in[a,b]$, 若 $f'(x)$ 存在, 则当 $x+h\in[a,b]$ 时,

$$|f(x+h)-f(x)|\leqslant M|h|\Rightarrow\left|\frac{f(x+h)-f(x)}{h}\right|\leqslant M\Rightarrow|f'(x)|\leqslant M.$$

3. f 绝对连续, 则对任给的 $x,y\in[a,b], x<y$,

$$f(y)-f(x)=\int_{[x,y]}f'(t)\mathrm{d}m\geqslant 0,\quad f(y)\geqslant f(x).$$

4. 提示: 由定义直接验证.

参 考 文 献

[1] N. 那汤松. 实变函数论. 上册. 徐瑞云译. 北京：高等教育出版社, 1958.

[2] 周民强. 实变函数论. 北京: 高等教育出版社, 2001.

[3] 夏道行, 等. 实变函数与泛函分析. 上册. 第二版. 北京：高等教育出版社, 1984.

[4] 江泽坚, 吴智泉. 实变函数论. 第二版. 北京：高等教育出版社, 1994.

[5] 陈建功. 实变函数论. 北京：科学出版社，1978.

[6] Halmos P R. 测度论. 王建华译. 北京：科学出版社, 1980.

[7] Ash RB. Measure,Inregration and Functional Analysis. New York and London: Academic Press, 1972.

索 引